农业生态实用技术丛书

发酵床
生态养殖技术

FAJIAOCHUANG SHENGTAI YANGZHI JISHU

农业农村部农业生态与资源保护总站　组编

张世海　主编

中国农业出版社

北　京

图书在版编目（CIP）数据

发酵床生态养殖技术／ 张世海主编 .—北京：中国农业出版社，2020.5

（农业生态实用技术丛书）

ISBN 978−7−109−24637−9

Ⅰ．①发… Ⅱ．①张… Ⅲ．①生态养殖−研究 Ⅳ．①S964.1

中国版本图书馆CIP数据核字（2018）第218449号

中国农业出版社出版

地址：北京市朝阳区麦子店街18号楼

邮编：100125

责任编辑：张德君 李 晶 司雪飞 文字编辑：陈睿赜

版式设计：韩小丽 责任校对：吴丽婷

印刷：北京通州皇家印刷厂

版次：2020年5月第1版

印次：2020年5月北京第1次印刷

发行：新华书店北京发行所

开本：880mm×1230mm 1/32

印张：3.5

字数：70千字

定价：28.00元

本书编写人员

主　　编　张世海

副 主 编　朱勇文

参编人员　王金荣　陈　芳　李　平

　　　　　蔡传江　张贵杰

序

　　中共十八大站在历史和全局的战略高度，把生态文明建设纳入中国特色社会主义事业"五位一体"总体布局，提出了创新、协调、绿色、开放、共享的发展理念。习近平总书记指出："走向生态文明新时代，建设美丽中国，是实现中华民族伟大复兴的中国梦的重要内容。"中共中央、国务院印发的《关于加快推进生态文明建设的意见》和《生态文明体制改革总体方案》，明确提出了要协同推进农业现代化和绿色化。建设生态文明，走绿色发展之路，已经成为现代农业发展的必由之路。

　　推进农业生态文明建设，是贯彻落实习近平总书记生态文明思想的必然要求。农作物就是绿色生命，农业本身具有"绿色"属性，农业生产过程就是依靠绿色植物的光合固碳功能，把太阳能转化为生物能的绿色过程，现代化的农业必然是生态和谐、资源可持续、环境友好的农业。发展生态农业可以实现粮食安全、资源高效、环境保护协同的可持续发展目标，有效减少温室气体排放，增加碳汇，为美丽中国提供"生态屏障"，为子孙后代留下"绿水青山"。同时，农业生态文明建设也可推进多功能农业的发展，为城市居民提供观光、休闲、体验场所，促进全社会共享农业绿色发展成果。

　　农业生态文明思想起源于古老的中国，中国自春秋时期就懂得用地养地的道理以及物理杀虫、人工除草等做法。农牧结合、稻田养鱼、桑基鱼塘等农业生态模式在历史上曾经极大推动了文明和经济的发展。当前，我国农业生态文明建设已进入提供更多优质生态产品以满足人民日益增长的优美生态环境需求的攻坚期，也到了有条件、有能力发展环境友好农业的窗口期。多年来，从事农业生态研究的学者和实践者扎根农业生产一线，按"整体、协调、循环、再生"的原则，围绕农业生态文明建设开展了广泛、系统的实践和研究，探索总结出了丰富多样的应用技术。

　　为推广农业生态技术，推动形成可持续的农业绿色发展模式，从2016年开始，农业农村部农业生态与资源保护总站联合中国农业出版社，组织数十位业内权威专家，从资源节约、污染防治、废弃物循环利用、生态种养、生态景观构建等方面，多角度、多要素、多层次对农业生态实用技术开展梳理、总结和归纳，系统构建了农业生态知识体系，编写形成了《农业生态实用技术丛书》。丛书中的技术实用、文字简洁、步骤详尽、脉络清晰，技术可推广、模式可复制、经验可借鉴，具有很强的指导性和适用性，将为广大农民朋友、农业技术推广人员、管理人员、科研人员开展农业生态文明建设和研究提供很好的参考。

2020年4月

发酵床养殖是一种新型、健康、环保的养殖模式。发酵床养殖法是利用微生物与垫料构建发酵床基质，通过床体中功能菌的新陈代谢分解畜禽排泄的粪尿，从而实现对周围环境零排放的一种生态养殖方法。发酵床养殖又称为自然养殖、生态养殖，是基于控制畜禽粪便排放与污染的一种无污染、低排放且符合动物福利的新型环保养殖技术。

发酵床养殖技术在20世纪50年代由日本山岸会的山岸已代藏创建，遵循循环农业的原理，将养殖业与种植业有机地结合在一起。早期发酵床养殖采用土著菌发酵技术，最早起源于养鸡，随后逐步发展和应用到养猪、养牛业上。土著菌发酵养殖上，巧妙地利用了畜力来进行发酵床的管理，从管理效果来看，鸡要优于猪，猪又优于牛。猪主要是用鼻子来拱，而鸡是既用嘴啄食，又用爪刨食，而牛既不会拱，又不会刨；从床材的使用量来看，养鸡所用的床材比养猪所用的床材要少得多，易得得多；从发酵床的建造要求来看，建发酵鸡床比建发酵猪床要容易得多。发酵床养殖有着较大的优越性、方便性、适用性。韩国从1965年开始学习日本的土著菌发酵技术，经过几十年的反复实践，对理论进行不断整理，并加以发展和完善，创建了今天韩国的自然农业。1992年开始，日本鹿儿岛大学的专家教授开始对土著菌发酵养殖技术进行系统研究，形成了较为完善的技术规范。1999年在鹿儿岛大学农学部附属农场召开了土著菌养殖技术的应用和推广观摩会，有来自10多个国家的1 000多名专家、学者和农户参加了这次会议，推动了土著菌养殖技术更广泛的应用。2009年至今，发酵床养鸡技术已在我国推广应用，应用较多的地区有河南、山东、辽宁、江苏和广西等。2010年底至今，我国从事发酵床技术推广的商家超过60个。

　　本书介绍了发酵床养殖的基本概念、原理和优点。主要针对发酵床养殖中畜舍建设、料槽设计、垫料制作、铺垫过程、垫料的日常维护和管理等关键技术进行了详细描述。同时，针对不同畜种（猪和鸡）各自的特点，进行了发酵床养殖技术的具体介绍，并对发酵床养殖的难点和重点进行了详细解答。本书通俗易懂，切合实际，适合想了解和应用发酵床技术的相关人员阅读参考。

编　者

2019年6月

目 录

一、发酵床养殖基本知识

（一）发酵床养殖的起源

1998年和2003年，韩国的自然农业与日本的发酵床养殖技术先后引进中国，国内最先是引进的发酵养猪技术。镇江市与日本农山渔村文化协会、日本自然农业协会、韩国自然农业协会、日本鹿儿岛大学开展了国际合作和交流，通过组团出国考察、邀请专家上门指导、自身反复实践，掌握了整套的发酵床养殖技术。2007年10月，中国农业电影制片厂来镇江摄制了《发酵床环保养猪新法》的数字电影。2008年1月，中国农业电影电视中心来镇江拍摄了《发酵床养鸡》的电视节目，并于2008年2月19日、2月20日在中央电视台七套播出，受到广大电视观众的欢迎，成为央视七套视频的推荐节目。节目播出后，该视频节目的点击人数就达到16 000人。2008年1月，镇江市的发酵床养猪技术通过了成果鉴定，来自南京农业大学、江苏省农业科学院、江苏大学、江苏农林职业技术学院的专家一致认为，该项成果达到了国内领先水平。2009年，干撒式发酵床养殖技术获得第16届中国杨陵农业高新科技成果"后稷金奖"；从2008年开始，南方省份已经用湿式发酵床饲养土种产蛋鸡以及土种肉用鸡（黄鸡和麻鸡等），同时在武汉地区，开始应用干撒式发酵床饲养肉鸭和蛋鸭。2009年至今，发酵床养鸡技术已在全国（除西藏外）推广应用，应用较多的地区有河南、山东、辽宁、江苏和广西等。2010年底至今，全国从事发酵床技术推广的商家超过60个。

目前已在日本、韩国、泰国、德国、瑞士、澳大利亚、美国、巴西8个国家建有50多个山岸农法示范基地。这些基地，遵循循环农业的原理，将养殖业与种植业有机地结合在一起。目前在国内，发酵床技术主要用于猪上，并已经推广和进一步发展到养禽领域，推出了发酵床养鸡技术（图1）。

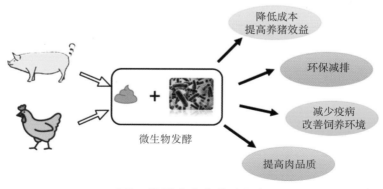

图1 发酵床生态养殖示意

（二）发酵床养殖的优势

我国是一个拥有13亿人口的牧畜大国，居民对肉蛋奶等产品有着大量需求。大规模集约化的现代化养殖也伴随着大量粪污的排放。如何合理解决这些排泄物是养殖领域的一个重要环节。

1.养殖业带来的污染

目前，养殖领域污染物主要有三个方面：粪便污染、污水和空气污染。

（1）粪便污染。据试验资料分析，每头猪每天大约产生6.5千克排泄物（鲜粪2.5千克、尿4千克）。一个万头猪场(按中猪计)每年至少向猪场周围排放大约9 000吨粪便，由于猪对饲料中氮的吸收率很低，大量的氮随粪便被排出体外后，在土壤中累积，超过其单位面积生态环境再循环需求，而且通过雨水的冲刷，会造成地下水源和地表水源的污染。粪便中还含有大量对环境造成严重污染的物质。

（2）污水。由于我国畜禽养殖企业长期以来片面追求经济效益，环保意识极差，对粪便污水管理落后，致使大量的粪便随冲洗水直接流失，甚至有的将粪便直接排入河流中，严重污染了大江大河的水质。猪场排放的粪尿污水中的生化指标极高，其中COD(化学耗氧量)和BOD(生物耗氧量)远远超过国家标准。高浓度的有机污水排入江河湖泊中，造成水质不断恶化，其中污水中高浓度的氮、磷是造成水体富营养化的重要原因，使藻类过度生长，从而导致鱼类的大量死亡，严重威胁水产业的发展。畜禽粪便污染物不仅污染了地表水，使地表水中的硝酸盐含量超出允许范围(50毫克/升)，其有毒、有害成分还易进入地下水中，严重污染地下水。一旦污染了地下水，极难治理恢复，将造成较持久性的污染。养猪场在污染周围环境的同时，也污染了自身的环境，严重地影响了畜牧养殖业的自身可持续发展。

（3）空气污染。粪便的臭味是指粪便中含有的或在贮存过程中释放出来的挥发性成分。由于规模化养殖场对粪便没有进行有效处理，相当部分的养殖场散发出非常难闻的气味，严重地污染了周围居民的生活环境。目前已有160种挥发性成分从粪中鉴定出来。在粪尿中还发现80多种含氮化合物，其中有10种与恶臭味有关。 环境中氨气浓度过高会影响动物生产性能和健康状况，动物采食量和日增重下降，肺炎发生率上升，性成熟推迟。

针对养殖业污染问题，国家环保总局制定并颁发了《畜禽养殖业污染物排放标准》以及《畜禽养殖业污染防治技术规范》，其中严格规定了养殖企业的污染物排放标准。但是，目前畜禽污染治理中存在的问题是投入高、效益低，资源未充分利用，难以从根本上实现畜禽粪尿的无害化和资源化，因此畜禽污染治理达标排放之路是走不通的，只有资源化循环综合利用才是根本出路。2017年，习近平总书记在中央财经领导小组第十四次会议上讲话精神和《国务院办公厅关于加快推进畜禽养殖废弃物资源化利用的意见》（国办发〔2017〕48号），要求深入开展畜禽粪污资源化利用行动，加快推进畜牧业绿色发展。截至目前，中央已累计投入310多亿元支持超过9万多个规模养殖场建设，有力提升了规模养殖现代化装备水平，对推进畜禽粪便资源化利用起到重要作用。2017年，农业部制定了《畜禽粪污资源化利用行动方案（2017—2020年）》，主要措施以畜牧大县和规模养殖场为重点，强化责任落实，加大政策支持，加强技术指导，构建种养结合、农牧循环发展机制，确保到2020年全面解决规模养殖场粪污处理和资源化问题，努力开创畜牧业转型升级、绿色发展新局面。此外，农作物秸秆的有效利用是多年来没有解决好的"老大难"问题。提倡秸秆还田实际上难以做到，结果还是一把火一烧了之，屡禁不止，严重污染环境。而发酵床养殖刚好是解决这些问题的好办法。

2.发酵床养殖的优点

发酵床养殖法是利用微生物与垫料构建畜禽生长的发酵床基质，通过床体中功能菌的新陈代谢分解畜禽排泄的粪尿，从而实现对周围环境零排放的一种生态养殖方法（图2）。

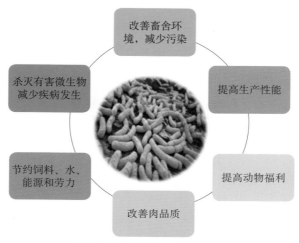

图2 发酵床养殖法的优点

（1）改善畜舍环境，减少污染。畜禽排泄物中往往包含N、Na、Zn、P、Mg等20多种元素。水质富营养化的形成原因便是P、N等营养物质富集的结果，而粪中富含大量的污染高负荷物质，除了污染水体之外，还会导致水中对有机污染物敏感的鱼类等水生生物大量死亡。近年来，随着经济的发展，畜禽养殖规模日益扩大，随之产生的大气污染也日益严重。畜舍中会产生有害气体，使用发酵床技术后，不需要对粪便采用清扫排放，也不会形成大量的冲圈污水，从而没有任何废弃物、排泄物排出畜舍，基本上实现了污染物"零排放"标准，大大减轻了畜禽养殖业对环境的污染。同时，由于粪尿中含氮、含硫有机物被循环利用，也大大降低了畜舍中NH_3、H_2S等有害气体的产生。

---

(2) 杀灭有害微生物，减少疾病发生。垫料中的有益菌为优势菌群，可以抑制有害微生物的生长繁殖。这一方面是优势菌的一些代谢产物能够抑制有害微生物（大肠杆菌和沙门氏菌等）的生长繁殖；另一方面是垫料中优势菌株能够很好地分解排泄物。因此，相对于有害微生物而言，有益菌群具有很强的竞争优势。畜舍中环境的改善和有害气体浓度的降低，也在一定程度上减少了畜禽呼吸道疾病的发生。

(3) 提高生产性能。发酵床垫料松软，舍内环境良好，更接近猪、禽的自然生活环境，适合猪好拱食和禽好刨地的特性，可以最大限度上满足猪和鸡的行为需要和福利状况，从而促进猪、鸡的生长。此外，发酵床能够减少猪、鸡的一些疾病，促进猪、鸡的健康，从而间接降低料肉比，提高日增重，改善养殖效益。

(4) 节约饲料、水、能源和劳力。发酵床上的畜禽运动量虽然大于传统养殖，但发酵床上动物的消化系统发育更早和更为完善，对饲料的消化吸收率明显提高。发酵床中饲养的鸡，增加了1/3的消化道长度，大大提高了鸡对饲料的消化吸收利用率；使鸡舍内的空气质量更好，鸡更加健康，死亡率和淘汰率大大下降，如蛋鸡的死淘率也可控制在5%左右，肉鸡在2%左右，最终形成一个良性循环。同时，养在发酵床上的猪肠绒毛也比传统养殖的猪更为发达，排泄物更少而且不臭；动物心理应激少，更为健康，提高了饲料的消化吸收率。垫料中有益微生物对饲料消化吸收的促进作用明显，由于动物的粪便能够转化为菌体蛋白，再返回给动物重新作为饲料食用，从而达到节约部分饲料的目的。在温度稍低的冬季尤为明显，因为发酵床是一个温暖的垫床，大大减少动物因抵抗寒冷而消耗的能量，因此节约饲料更体现在温度低的季节。在常规养殖模式下，猪舍需要依靠大量的清水冲洗。而在发酵床工艺中，需要考虑的只有猪的饮用水，能节省水80%以上。发酵床养殖工艺由于不需要清粪。按常规饲养，能增强每人饲养量，每个工人可以养600头以上猪。

（5）改善肉品质。猪的大理石纹、pH、系水力、嫩度、风味物质等感官品质最易引起消费者的重视，是最常用的肉品质评价指标。研究表明发酵床养猪可以显著提高肉的嫩度，改善肉的风味。而发酵床养鸡技术使鸡舍的卫生条件得到改善，鸡在这种条件下健康生长，疾病发生率降低，用药概率减少，禽蛋产品的药物残留在很大程度上得到降低，给人们提供的食物更加安全可靠，质量更高，为生产绿色、有机鸡肉、鸡蛋提供了最佳方法。

（6）提高动物福利。在自然情况下，猪是森林中的栖息者，松软的森林土壤为猪提供了良好了的展现生活习性的条件，尤其是"拱"。在夏威夷森林中，你会看见野猪时寻觅常掉落的水果，挖掘土壤中的植物块茎和昆虫。在欧洲，至今仍有一些区域保持秋天在森林牧猪的习惯，为了让它们可以采食更多的高蛋白坚果。现在养猪业中，人们更青睐于选择混凝土地面，主要是因为其造价低廉，经久耐用，便于清洁和消毒。但是混泥土坚硬的材质阻碍了猪的自然天性的表现；同时，混泥土地面由于缺乏有益微生物，也可能会导致猪更容易患上疾病。与猪相似，在商业笼养条件下，家禽只能进行本能的采食、饮水、产蛋和睡觉，正常行为受到严重的限制，如刨地等行为，抗应激能力降低，产品质量差。所以，家禽福利成为公众的首要关注对象，西方欧洲国家（瑞典、德国等）已禁止或逐渐禁止传统的笼养蛋鸡。因此，替代生产体系研究已成为家禽福利研究中的一个重要方面。针对以上问题，发酵床养殖就是一种行之有效、更为合理的生态养殖手段，既做到了粪便的有效处理，实现了零排放、无污染、无臭味，又为畜禽的健康生长提供了最适宜的生态环境，实现动物福利。

3.发酵床养殖存在的问题

尽管发酵床养殖法有许多优势。但是，目前仍存在一些问题有待进一步改进。

（1）发酵床养殖后期，发酵床功能菌群的粪便分解速率低于粪便的排泄速率，致使垫料出现表层烂泥化、底层硬土化，需经常大量更换垫料。

（2）发酵床垫料仍主要以木屑为主，导致养殖成本高，发酵床养殖的直接经济效益低，应拓宽发酵床的可用垫料来源；根据地域不同，各种垫料价格差距较大，成本波动较大。需要特别指明的是，玉米秸秆垫料接触氧气易生黄曲霉菌。锯末属于保水性物质，长期用作垫料容易板结，需定期翻动。

（3）发酵床主要依靠床中的各种功能菌，因此需要限制畜禽饲养中抗生素的使用，而目前适宜的抗生素替代物还有待进一步开发。

（4）饲养密度降低导致周转成本增加。发酵床技术要求饲养密度降低，36～42日龄肉鸡10只/米^2，而规模化、集约化笼养鸡场可达到20只/米^2。饲养密度降低，要想保持存栏量和出栏量，势必要扩大鸡舍，那么就需要更多的土地。发酵床与传统养猪技术相比在整体建筑面积上大约增加20%，单只猪使用面积增加30%，例如传统养殖一头大的育肥猪只需要1.2米^{2}面积即可，而使用发酵床则需要1.5～1.8米^{2}面积。

（5）不能完整实施消毒防疫程序。做好发酵床以后，使用彻底完整的重度消毒程序可能影响微生物降解能力而造成死床。

二、畜禽舍建设

（一）养殖场址选择

1.养猪场址选择

生态发酵床养殖建筑设计同传统集约化猪场场址无太大差异，比传统猪舍更趋灵活。

（1）地理位置。由于发酵床式的养猪模式不需要大量的粪便运输，对交通的要求相对较低。确定场址的位置，尽量接近饲料产地，有相对好的运输条件。猪场选址在结合区域规划的同时，着重考虑猪场整体防疫。要远离生猪批发市场、屠宰加工企业、风景名胜地和交通要道等。一般要求距离畜产品加工厂1 000米以上；与交通要道相联结；且距离最近的村庄不少于2 000米；高压线不得在仔猪舍和保育舍上面通过。一般要求猪舍东西走向、坐北朝南，充分采光，通风良好。

（2）地势与地形。地下水位的高低是十分重要的问题。如将猪场场址选在地势较低的地方或者在山地的沟中，会因为地下水位高而影响发酵效果，也会因为地面潮湿，导致病原微生物与寄生虫的滋生，机具设备腐蚀，甚至导致猪群各种疾病的不断发生。如采用地下或半地下式发酵舍更应充分考虑地下水位，否则垫料过湿而影响发酵效果，也减少垫料使用年限。地下水位较高的地方选择地上式发酵垫料床比较适宜。发酵床养殖场场址要求地势较高、干燥、平缓、向阳。平原地区宜在地势较高、平坦而有一定坡度的地方，以便排水，防止积水和泥泞。山区宜选择向阳坡地，不但利于排水，而且阳光充足，能减少冬季冷气流的影响。

（3）土质。生态发酵床养殖圈舍的土质除了要有一定的承载能力外，还应具备透气透水性强、毛细管作用弱、吸湿性和导热性弱、质地均匀等特点。沙质的土壤透气、透水性好，能形成良好的微生物发酵微环境，并富含矿物质，能成功进行微生物发酵。而黏土传导散热多，往往使发酵床与之接触的地方温度低，微生物发酵程度下降，进而形成湿润化垫料，影响使用效果。因此，沙壤土质最好。同时，在选择场址时，要观察土壤的覆盖厚度，一般土层厚度需在1米以上。如土壤的覆盖厚度不足1米，在铺设发酵床时往往需要在地面上搭建围墙，形成地上床，增加了造价。同时，也对发酵效果产生一定影响。

（4）水与电。生态发酵床养殖由于不用冲洗圈舍，所以水主要用于猪只饮用，同时保证垫料湿度控制、用具洗刷和绿化用水即可。水质要良好，达到人饮水标准，对水面狭小的塘湾死水、井苦水，由于微生物、寄生虫较多，又有较多杂质，不宜作为养殖场水源。由于猪舍多采用自然光线，养殖场用电主要保证相关设施设备用电和夜晚照明用电即可。

（5）朝向。就圈舍朝向而言，面东会导致早晨阳光深入圈内，冬季上午暖下午冷；面西使得下午阳光深入圈内，下午热上午冷；朝南则阳光射入角冬季大、夏季小，冬暖夏凉；面北则终日见不到阳光，冬季寒冷但光照均匀。因此，场舍应坐北朝南或坐北朝南偏东一些。

2.养鸡场址选择

发酵床养殖对种鸡和肉鸡鸡舍场地选择和建设要求较为简单，具体如下：一般都选择在地势比较高、通风条件好、有足够的运动场地、远离村庄和工厂的坡地为宜。鸡舍可以根据地方气候进行建设，鸡舍一般使用水泥柱、石棉瓦、木隔条等搭建而成，舍内冬暖夏凉。整个鸡舍建设要符合肉鸡饲养标准。地面要坚固，排水要通畅。地下水既不能太浅，也不能洇湿发酵床底部。我国夏季多盛行东南风，冬季多东北风或西北风，因此，畜舍朝向多数应选择南偏东或南偏西，东北地区以南偏东 $15° \sim 25°$ 最为适宜。

（二）养殖场整体布局规划

1.养猪场布局规划

（1）布局原则。场区规划要本着有利于防疫、便于饲养、提高生产效率和优化场区小气候等原则进行。在发酵床式生态养猪模式中，更要注意的是个生产工艺流程对建筑物、环境的要求。在规划中，要考虑猪场的发展、地形地势、厂内运输、气候条件、生产工艺等因素。同时，应该合理安排道路、供水、排污和绿化等。①利于生产。利于生产，便于科学管理是首要原则。因此，猪场的总体布局首先要满足生产工艺流程的要求，按照生产过程中的顺序性和连续性规划和布置建筑物，从而提高劳动生产率。②利于防疫。防疫是猪场的重要任务，要保证正常生产，必须将卫生防疫工作提高到首要位置。规模猪场猪群规模大，饲养密度高。应着重考虑猪场的性质、猪体本身的抵抗力、地形条件、主导风向等，同时，采取一些行之有效的防疫措施。③利于运输。运输成本是猪场日常的重要开支之一。如选择方便、简捷、不重复、不迂回的运输路线是需要重点考虑的方面。猪场日常的饲料、猪及生产和生活用品的运输任务非常繁忙，在建筑物和道路布局上应考虑生产流程的内部联系和对外界联系的连续性。④利于管理。猪场要为职工创造一个舒适的工作环境，同时又便于生活、管理。因此，猪场在总体布局上应使生产区和生活区做到既分隔又联系，位置要适中，环境要相对安静。

（2）场区布局。通常大型猪场的厂区分为生产区、生产辅助区、管理与生活区和隔离舍、粪便处理区等。①生产区：包括各种猪舍、消毒室（更衣、洗澡、消毒）、消毒池、药房、兽医室、出猪台、维修及仓库、值班室等。其中种猪舍要求与其他猪舍隔离，形成种猪区。各猪舍由饲料库内门领料，用场内小车运送，并在靠围墙处设置装猪台，在生产区入口处设置专门的消毒间或消毒池。②生产辅助区：包括饲料厂及仓库、水塔、锅炉房、变电室、车库、屠宰加工厂、修配厂等。③管理与生活区：包括办公、食堂、职工宿舍等。④隔离舍、粪便处理区：包括病死猪处理室、污水处理（或沼气池）设施等。在风向上，办公区、隔离区等要与生产区处于侧风向，以避免办公区、隔离区的病原体随风向传播到猪舍内。在地势上，办公区、生活区要处于生产区的高地势部位，隔离区则要处在低地势部位。在物流上，下风向、低地势的物品不能向高地势、上风向方向流动。

场内道路要求将净道与污道分开，不能交叉，这样可以减少运输人员流动中相互污染的机会，有利于防疫。分别设计雨水沟和污水沟，将污水和雨水分开设置排放沟，以减轻污水处理压力。对场区进行适当绿化，可以营造良好环境，有利于员工的生产和生活。

（3）猪舍布局形式。自然通风是发酵床养猪法的主要考虑方式，目前主要采用单排式、双排式及多排式。猪舍的布局一般是根据地形条件、生产流程和管理要求而定。不管采用任何排列方式，都应尽可能将猪舍有效使用面积最大化。①单排式。猪舍按一定的间距依次排列成单列，组织比较简单，一边是净道，一边是污道，互不干扰。单排式猪舍跨度一般为6～9米，长度可根据地形及养殖数量自行决定。②双排式。猪舍按一定的间距依次排列成两列。双排式猪舍跨度一般12～18米。双排的优点是当猪舍栋数较多时，可以缩短纵向深度，节约电网和管网等布置路线短，管理方便，节省投资和运转费用。建筑的合并还能明显降低建筑费用和供暖费用。③多排式。大型猪场可以采用三列式、四列式等多排式布局，但该形式对道路和布局设计要求较高。

（4）猪舍间距。猪舍的间距主要考虑日照间距、通风间距、防疫间距和防火间距。自然通风的发酵床养猪法猪舍间距一般取5倍屋檐高度以上，机械通风猪舍间距应取3倍以上屋檐高度，即可满足日照、通风、防疫和防火的要求。在确定间距过程中，防疫间距极为重要，实际所取的间距要比理论值大。我国一般猪舍间距为10～14米，上限用于多列式猪舍或炎热地区双列式猪舍，其他情况一般取10～12米。

（5）猪场道路。猪场道路组织在总体布局中占有重要的地位，发酵床养猪法猪场净道与污道同一般养猪法也要分开，分工明确。工作人员尽量不要穿越种猪区，并以最短的路线到达个猪舍。

2.养鸡场布局规划

（1）布局原则。总体原则便于组织生产和防疫，综合考虑鸡舍朝向、鸡舍间距、道路、排污、防火、防疫等方面的因素。在发酵床式生态养鸡模式中，更要考虑场地的环境条件，科学确定位置。发酵床圈舍一定要建在地势高燥、周围排水顺畅的地方；同时要考虑发酵废气产生对周围环境的影响。然后，合理确定各类房舍、道路、供排水和供电等管线、绿化带等的相对位置及场内防疫卫生的安排，为鸡只提供一个良好的生存环境，使其充分发挥生产潜力。①利于生产。鸡场的总体布局首先要满足生产流程的要求，按照生产过程的顺序性和连续性来规划和布置建筑物，达到有利于生产、便于科学管理，从而提高劳动生产效率的目的。②利于防疫。发酵养鸡场饲养密度高，使用周期长，容易发生和流行各种疾病，要想保持稳产高产，除了搞好卫生防疫工作以外，还应在建设初期，考虑好当地的主要风向、暴发过何种传染病等。

（2）场区布局。从防疫和组织生产考虑，场区的分区布局为生产区、辅助生产区、办公生活区、兽医防治和污粪处理区等区域。①生产区。首先做到非生产区分开，从上风方向至下风方向，按代次划分应依次安排祖代、父母代、商品代，按鸡的生长期应安排育雏舍、育成舍和成年种鸡舍。孵化室应和所有的鸡舍相隔一定距离，可建在靠近生产区的入口处，大型养鸡场最好在鸡场外单设孵化场，孵化场或孵化室周围需设围墙或绿化隔离带。②生产辅助区。饲料厂及仓库、鸡场大门、蛋盘、蛋箱消毒池、更衣室和淋浴室；有条件的鸡场要自建深水井或水塔，用管道将水直接送到鸡舍。③办公生活区。在风向上与生产区相平行，包括办公、食堂、职工宿舍、发电室、仓库、维修车间、锅炉房、水塔等。④兽医防治和污粪处理区。包括兽医室、解剖室、化验室、免疫试验鸡舍、病死鸡焚烧炉等。此外，种鸡舍、孵化室、育雏舍、中雏舍、蛋鸡舍应该成为一个流水线，以合乎防疫要求的最短线路运送种蛋、初生雏和中雏。场内道路应分清洁道和脏污道，走向均为孵化室、育雏室、育成舍、成年鸡舍，各舍有入口连接清洁道，清洁道和脏污道不能交叉，以免污染。

　　（3）鸡舍布局形式。要综合考虑鸡舍朝向、鸡舍间距、道路、排污、防火、防疫等方面的因素。①场内鸡舍一般要求横向成行，纵向成列；尽量将建筑物排成方形，避免排成狭长而造成饲料、粪污运输距离加大，管理不便。鸡舍数量在4栋以内，可选择单列式排列；超过4栋则可双行或多行排列。②采用单列式鸡舍布局时，一侧为净道，如果鸡舍采用纵向负压通风，须在此侧安置进风口；另一侧为污道，需在此侧安置抽风机。采用双列式鸡舍布局时，中间为净道，进风口也在此侧安置；两侧为污道，可安置抽风机。③2栋以上单排鸡舍的布局要遵循：东西走向，南北朝向；净道向东，脏道朝西；横向南通风，纵向西换气。④我国大部分地区，夏季盛行东南风，冬季以东北风或西北风为主，南向畜舍可避开冬季冷风吹袭，有利于夏季自然通风。若采用东西向畜舍，夏季强烈的太阳西晒和冬季遭受北风的吹袭，对舍温有很大的影响。因此，从南方到北方，采用南向畜舍比较理想。

（4）鸡舍间距。鸡舍间距直接关系到鸡舍的采光、通风、防疫、防火和占地面积。鸡舍间距可依据如下方面进行设计。①根据日照确定鸡舍间距。鸡舍朝向一般是坐北朝南或朝南偏向一定角度，因此确定鸡舍间距时要求冬季前排鸡舍不能阻挡后排日照。在我国大部分地区，间距保持鸡舍檐高的3～4倍，一般应为9～12米，基本可满足后排鸡舍日照要求。②根据通风确定鸡舍间距。适宜的鸡舍间距，可保证下风向鸡舍有足够的通风，而且免受上风向排出的污浊空气的影响。鸡舍间距为鸡舍檐高的3～5倍时，可满足通风和卫生防疫的要求。现在广泛采用纵向通风，排风口在两侧山墙上，鸡舍间距可缩小到鸡舍檐高的2～3倍，一般为6～9米。

（5）鸡场道路。①场内道路。设计时要考虑运输和防疫的要求，分净道和污道两种，净道作为场内运输饲料、鸡群和鸡蛋之用；污道用于运输粪便、死鸡和病鸡。二者不得交叉使用。道路推荐使用混凝土结构，厚度15～18厘米，混凝土强度C20以上；道路与建筑物距离为2～4米。②场外道路。路面最小宽度为两辆中型车顺利错车，一般为4～8米。

（三）畜禽舍设计

1.猪舍设计

发酵床养猪法是生态养猪法。因此，猪舍是尽最大可能利用自然资源，如阳光、空气、气流、风向等自然资源，尽可能地利用生物性和物理性转化。

（1）猪舍设计的基本原则。发酵床养猪活猪舍设计，需要事先考虑如下原则。①不混群原则：不允许不同来源的猪只混群。②最佳存栏原则：明确生产体系，始终保持栏圈的利用。③分群饲养原则：猪舍设计需考虑全出全进的模式。

（2）舍内外环境对猪舍设计的要求。猪舍的环境，主要指温度、湿度、气体、光照以及其他一些影响环境的卫生条件等，是影响猪只生长发育的重要因素。猪的集体与环境之间，随时都在进行着物质与能量的交换，在正常的环境下，猪体能与环境保持平衡，形成良性循环，可以促使猪只发挥其生长潜力。但如果环境变化超出了猪体的忍耐限度，这种平衡就要被打破，当环境特别恶劣时，可能产生不良后果，甚至造成猪只死亡。因此，为保证猪群正常的生活与生产，必须人为地创造一个适合猪只需要的气候条件。①温度和湿度。猪因品种、性别、年龄、生产力水平、生理阶段和个体间的差异，对所要求的环境不尽相同。高温、高湿的条件会使猪增重变慢，且死亡率高；在低温、高湿的条件下，猪体热量散发加剧，致使猪日增重减少，产仔数减少，每千克增重耗料增加。②光照。自然采光系数（窗地比）要达到如下标准：空怀母猪舍、妊娠母猪舍、公猪舍、产房、带仔母猪舍为1：（10～12），断奶至4月龄育成猪舍、后备猪舍1：10，育肥猪舍1：（15～20）。光照温和且时间适度，对幼猪发育和成猪繁殖有利。幼猪经常接触阳光，可增强血液循环，加速新陈代谢，促进细胞增殖和骨骼生长，提高发育速度。母猪常接触阳光，可加速卵细胞的发育，促进发情排卵，提高繁殖力。但光照时间过长，易使猪活动量增加，对增重有影响。③空气流通。空气流通对猪的正常生育也有影响。猪舍内空气对流良好，高温时可降温；如果空气流通不畅，对猪不利。低温时，空气流通带进寒气，对猪也不利。

（3）猪舍的形式。可根据养殖户或养殖企业自身的要求，选择适宜的式样。

按屋顶形式分为单坡式、双坡式、联合式、平顶式、拱顶式、钟楼式、半钟楼式。①单坡式：屋顶由一面斜坡构成，构造简单，屋顶排水好，通风透光好，投资少，但冬季保暖性差。②双坡式：保暖性能较单坡式和不等坡式要好，但猪舍对建材要求较高，多用在跨度较大的猪舍。③气楼式：分一侧气楼（半钟楼式）和双侧气楼（钟楼式）。新鲜的空气由猪舍两侧墙面窗洞进入，有害气体由气楼排出。一侧气楼注意朝向，要背向冬季主导风向，避免冬季寒风倒灌。双侧气楼利用穿堂风将舍内有害气体带出舍外。气楼的敞开部分应根据外界气候条件卷起或放下。夏、秋季有利于保持凉爽，但冬季与早春保温不够理想。④拱式。主要优点不需木、瓦、铁钉等材料，但结构设计要求严格。此种屋顶可为各种猪舍所采用。

按墙的结构分为开放式、半开放式和密闭式。①开放式：三面有墙，一面无墙，其结构简单。通风采光好，造价低，但冬季防寒困难。②半开放式：三面有墙，一面设半截墙，略优于开放式。③密闭式：封闭式是四面有墙，分有窗式和无窗式。有窗式的窗在纵墙上，窗的大小、数量和结构应结合当地气候而定。

按使用功能分为公猪舍、配种猪舍、妊娠猪舍、分娩哺乳猪舍、保育猪舍、生长猪舍、肥育猪舍和隔离猪舍等。①公猪舍。指饲养公猪的圈舍。公猪舍多采用单列式结构，舍内净高2.3～3.0米，净宽4.0～5.0米，并在舍外向阳面设立运动场供公猪运动。②配种猪舍。指专门为空怀待配母猪进行配种的猪舍。③妊娠猪舍。地面一般采用部分铺设漏缝地板的混凝土地面。④分娩哺乳猪舍：指饲养分娩哺乳母猪的猪舍。⑤保育猪舍。亦称培育猪舍、断奶仔猪舍或幼猪舍，指饲养断乳仔猪猪舍。

（4）猪舍通风口的设计。发酵床养猪法要求通过合理组织通风，达到尽快排出舍内有害气体、保证猪只健康、维持高效生产的目的。

自然通风：利用空气的自然流动达到通风换气的

目的，经济适用。但受外界气候条件的影响比较大，通风不稳定。为了充分和有效地利用自然通风，除正确地选择猪舍跨度外，还必须合理布置通风口的位置。猪舍的自然通风通常有热压通风和风压通风两种方式。①热压通风：在群养的条件下，动物本身就是的热量散发来源。利用这个热源，通过气流组织使舍内达到适宜的温度。由于舍内空气温度高，空气密度重小，室外空气密度大，形成了内外压力差。②风压通风：自然气流遇到猪舍受阻而发生绕流现象，气流的动能和势能发生变化，反映在空气压力的增大或减小。将猪舍进风口设置在正压区，排风口设置在负压区，能达到较好的通风换气的效果。

发酵床猪舍应尽量选择自然通风为主的设计理念。实际操作中是风压通风和热压通风同时进行的。所以，猪舍，特别是母猪舍和保育舍，要具备一定的密闭性和保温隔热措施，以保证舍内外温度差。为使猪舍内的气流组织比较均匀，在布置通风口时，应在保证结构安全的条件下，尽量减少窗间宽度。自然通风的有窗猪舍，空气流通比较好控制，其窗扇常见的有中悬窗和立悬窗。中悬内翻窗可将舍内外自然气流导向饲养区，有利于降低猪只体感温度，但雨水容易进入舍内，需要设挡雨设施。中悬外翻窗能将气流导向猪舍上方，对排除舍内外污秽气体有利。立悬窗窗洞利用率高，可以随着风向调节开启角度，来引导气流。

机械通风：以机械为动力，通过控制风量来调节猪舍的温度、湿度和有害气体浓度，创造适宜猪只生长发育的小环境。其原理是通过利用风扇等机械，产生舍内外的压力差来进行强制性通风。适合猪场使用的通风机多为大直径、低速、小功率的通风机，这种风机通风量大、噪声小、耗电少、可靠耐用，适于长期使用。屋顶通风，一般单侧气楼猪舍使用天窗通风，无天窗的猪舍一般采用屋顶自动通风机。由于夏季较长，气温较高，发酵床养猪法猪舍首先在结构上采取大窗户，前、后墙尽可能使用窗户或者卷帘，在炎热季节窗户全部打开或者把塑料膜卷起来。

(5) 食槽和饮水器的设置。北侧建自动给食槽，南侧建自动引水器，并形成对角线（图3）。这样做的目的是让猪多活动，在来回吃食与饮水中搅拌了垫料。饮水器的下面要设置一个接水槽，将猪饮水时漏掉的水引出发酵床之外，防止漏水进入发酵床中。

图3　发酵床猪场食槽和水槽设计

采用原有的猪舍改造，如果采用半地下式，可以就地打破水泥地面，深挖地下40厘米左右（南方浅，北方深），放置垫料至原来水泥池地面高度再加上20～40厘米即可；不建议完全采用完全地上式加放垫料养殖，原有的水泥地面一定要至少打破一些孔（每平方米面积不少于10个直径为2厘米的孔），以增加空气，保护垫料底层微生物，对养猪也有好处。

（6）建筑材料的选择。①主要材料。发酵床养猪法着重简易，选用低价材料更为重要。可选用H钢、L钢和C钢等，但以管材为主。②侧壁材料。以简易省钱为主。

（7）猪舍设计实例。发酵床养猪法对猪舍结构的要求与传统的猪舍基本一致，特殊之处在于增加了前后空气对流窗，合理设置垫料池。应按猪群的性别、年龄、生产用途，分别建造各种专用猪舍，如育肥猪舍、保育猪舍、母猪舍等。

育肥猪舍：建筑形式一般采用有窗双坡屋顶式，舍内为单列式（图4）或双列式（图5）分布，猪舍跨度一般为8米，最好不要超过9米（过宽则投资成本会大幅增加）；猪舍长度根据实际情况而定，一般为20米左右，但不要超过50米（过长则不利于机械通风）；猪舍人行道宽1米；排水槽与水泥饲喂台设为一体，饲喂台南方地区宽1.5米，北方地区1.3米；排水槽宽15～20厘米；与饲喂台相连的是发酵床，宽一般在4米以上；为了便于猪群管理，一般每7～8米隔栏，可饲养育肥猪40头左右。

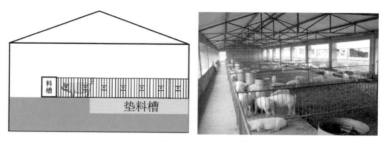

图4　单列式发酵床设计

图5　双列式发酵床设计

母猪舍：发酵床母猪栏舍同时也是保育栏舍，母猪怀孕、分娩、哺乳都在发酵床上进行。每个栏舍的面积为4米×2米=8米²，饲养后备母猪、空怀母猪时，可以每栏饲养2～3头，怀孕前期则一栏只能饲养一头，特别是怀孕前期一个月，是胚胎着床的关键时候，一定要保持安静的环境，并需要单独饲养。怀孕中期可以视情况（不打架争吵的情况下）并养2头，怀孕后期也要单栏饲养。①妊娠猪舍：妊娠母猪舍与育肥猪舍建筑形式一样，舍内布局也一样，只是栏宽有所不同。由于要求每栏饲养的母猪数量不能太多，一般在5头左右，而每头母猪需要发酵床的面积是育肥猪的2倍。因此，妊娠母猪舍每栏宽设置成2.0米为宜，20米长的猪舍可饲养妊娠母猪40～50头。②分娩猪舍：一般分娩猪舍建筑形式采用双坡屋顶有窗式，母猪单栏饲喂。猪舍发酵床的建立有尾对尾和头对头两种形式，实际生产中多采用尾对尾式（发酵床面积大，利用率高）。猪舍宽度一般为9米，长度为20米左右。猪舍内布局为双列式，每栏宽1.5米，长2米。发酵床四周为人行走道，宽1米，中间的发酵床通体相连。猪栏之间全部用钢管焊接，形成围栏。发酵床之间可用高60厘米隔板隔开，或者用钢管焊接成高60厘米、能够移动的铁栏门。为防止猪仔被压，专业化规模猪场可在栏内设置产床，一般中小型养猪场可在发酵床内设置移动式产床（图6）。当然也有母猪仔猪均可自由活动型（图7）。

图6　产床式发酵床设计

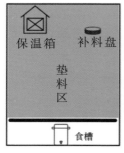

图7 无产床式发酵床设计

保育猪舍：与育肥猪建筑形式基本相同，但猪栏的栏杆密度以不能通过小猪为准。同样面积饲养数量比育肥猪增加一倍。

配种舍：包括公猪栏和待配母猪栏，小规模的猪场常分别建公猪舍和母猪舍，采用单列带运动场的开放式。大规模的猪场的配种舍可设计为双列和多列式。

2.鸡舍设计

发酵床鸡舍内，设定相应的育雏箱，育雏箱由三个不同温度而连接在一起的整体箱组成。即休息室、采食槽、饮水槽，由休息室至饮水槽的距离不可少于60～80厘米。随着雏鸡的逐渐长大，每天至少行走50次。其实在发酵床养鸡舍中，雏鸡会更愿意离开保温箱，到发酵床中活动和戏耍，进行啄食垫料、刨地等活动，从而锻炼了鸡只的活动和消化道能力。同时，每隔数米距离，放置几根支撑起来的竹架子，离地高度在50～80厘米，目的是让成鸡可以飞上戏耍并休息，夏天又可以起到清凉解暑的作用，并可相应增加养殖密度，提高效益，减少心理应激（图8）。同时，在鸡舍外另外单独建设一个隔离栏舍，以备病鸡隔离治疗处理之用。

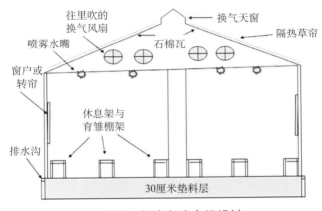

图8　发酵床鸡舍场设计

①屋檐高为2.5米左右，横梁到换气天窗平面处高度1.5米左右，换气天窗直径30厘米左右。

②休息架高度为60~80厘米，休息架同时也是育雏室，在上面、后面、左右面覆盖薄膜等，吊起保温灯或加温设施即育雏。

③窗户可以选用大型的，南方地区可以使用薄膜卷帘或开放式薄膜窗帘。

④喷雾补水喷雾嘴选用4个喷头的。

⑤隔热草帘可以在石棉瓦上覆盖一层5厘米左右的稻草。

（1）鸡舍跨度和面积。鸡舍跨度一般在10～12米为宜，如果建筑结构和建造成本许可，跨度15米左右也可，鸡舍长度30～50米最好，南方鸡舍构造见图9。北方圈舍保温最重要，面积可以大些，以500米²左右为宜，也可更大。南方圈舍首先要保证通风，应相对小些，跨度不宜过大。

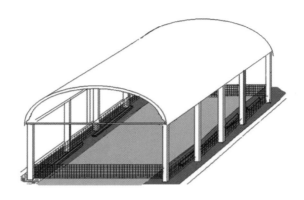

图9　南方发酵床养鸡整体布局

（2）墙体与屋顶。墙体和屋顶要尽可能保温隔热。屋顶可用复合泡沫板材（图10），草毡子也可以作为建议屋顶保温材料使用，尽量做到冬暖夏凉。

图10　北方发酵床养鸡场屋顶构造

（3）发酵池建造。发酵池深度等于垫料的厚度，干撒式发酵床发酵池深40厘米（图11A）。根据发酵池底与地面的相对高度不同，发酵床分为地上式（图

11B）、地下式和半地下式。发酵池四壁要做成较陡的斜坡或垂直，并用水泥砌好。发酵池底保留土地面，略加平整，尽可能晾干。原则上在一个鸡舍内用一整体贯通的发酵池，这样不但发酵效率高，而且建设成本低。

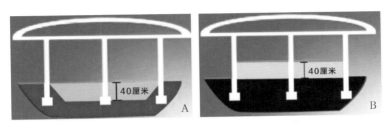

图11 发酵床养鸡场发酵池构造示意

（4）门窗。除了南方开放式鸡舍外，我国中北部地区的发酵床鸡舍除了安装必要的窗户用于水平通风外，最好安装天窗和地窗（图12）。

图12 发酵床养鸡场门窗

（5）温度调控措施。由于鸡舍内全部铺成发酵床地面，地下无法建造火炕等加温措施，加温一般用暖风炉；降温方面，主要依靠通风降温为主，包括水平方向的自然通风、天窗和地窗立体对流通风和机械通风。炎热天气，我国中北部地区最好安装使用冷风机，南方地区最好安装地面冷水管。

（6）排水设施。不论是干撒式发酵床还是湿式发酵床，外界水分都不应进入垫料。鸡舍内积水会直接或通过发酵池底部土层洇到发酵床垫料中，破坏发酵床的运行。因此，发酵床鸡舍的排水设施要完备，保证下雨时顺畅排水。圈舍周围1米宽的地面要硬化（俗称"散水"），并同时建排水沟，以防积水洇湿发酵床底面（图13）。

图13　发酵床鸡舍周围排水沟

（7）其他设施。目前一些新型的网上发酵床饲养方式，采用了自动喷雾补菌系统和机械翻耙机装置等（图14）。

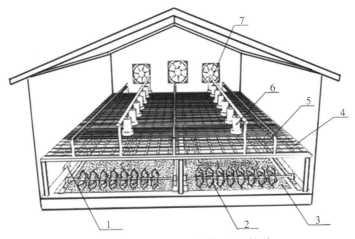

图14 新型网上养鸡发酵床构造

1.自动喷雾补菌系统 2.电动翻耙机 3.装有垫料的垫料槽 4.垫网
5.饮水装置 6.自动喂料装置 7.换气用的循环抽风机

（四）旧舍改造

1.旧猪舍改造

发酵床养殖有着许多优点，因此很多传统养殖户想改用发酵床养殖，如何利用原有猪舍进行改造是很多养殖户关心的问题。首先要考虑猪舍的高度，来决定建设何种发酵床（如地上式、地下式、半地下式等），原则是垫料表面离屋檐高度2.3～2.7米。

（1）一般旧猪舍高度只有2米高左右的，如果猪舍不能再加高的话，那么要改建发酵床只能是采取地下式的方式，往地下挖土时，要选择离墙体地基30厘米左右开挖，以免影响墙体牢固。

（2）如果原来猪舍高度3米以上、屋顶高度5米以上可以采用半地下式。

（3）如果猪舍高度够高，而又不想打破原来水泥地，则可以做完全地上式的。若原外墙为砖墙的可采取打孔做渗水通气口，在每平方米面积上钻孔6～10个（直径2～4厘米），这样就打通了地气。这样可以将制作垫料时往下渗的水分吸收掉，不至于引起下层垫料过湿，影响发酵。

（4）旧猪舍如果窗户很少，那么应该在南北墙面离发酵床垫料90厘米高左右尽量多开窗户，把走廊中间的水泥墙、栏与栏之间的水泥墙换成通风的镀锌管栅栏，这样可以让舍内形成空气对流，以保证通风、采光、冬暖夏凉。但北方冬天注意进行密封处理，以做到保温效果。

（5）发酵床猪舍要注意防止垫料受潮，因此改造时要注意四周设法排水、建设好排水沟，还有就是屋顶不能漏雨。注意大风大雨时要防止雨水打湿垫料。

（6）如果每个栏舍的面积不超过10米^2，建议将两栏或三栏合并做成一个栏舍，这样可以增强发酵床的效果。

（7）建议把料槽与饮水器分开，把饮水器改装到料槽的对面，注意在饮水器下方建一个排水口，把可能因为猪咬住不放而流下的多余的水排到猪舍外边，以免引起垫料局部过湿。

2.旧鸡舍改造

（1）旧鸡舍改造。把鸡舍的所有鸡笼拆出鸡舍，在鸡笼底部按宽度为1.5米、深度0.35米的规格把泥土挖掉，搬出鸡舍外，用混凝土把两旁铺好，垫30厘米厚的垫料，用木糠做床体的发酵基，然后把鸡笼、水箱、饮水器等设备安装好。地上式的更为简单一些，只需要在旧鸡舍内的四周，用相应的材料（如砖块、土坯、土埂、木板、或其他当地可利用的材料）做30～40厘米高的挡土墙即可，地面是泥地，垫30～40厘米的垫料，加入菌液即可以了。

（2）水泥地坪圈舍改造。一是设置天窗和地窗；二是拆除水泥地坪，铺设发酵床垫料。拆除水泥地坪最好使用切割的方法，即用切割机将水泥底面切割成50厘米×50厘米左右大小的水泥砖块。拆掉的水泥砖块可以做发酵池四周护坡，也可以做其他用途。如果水泥地面不加改造，直接在其上面铺设发酵床，会一定程度上影响发酵床的使用效果和寿命。水泥地面作为发酵床底的缺点，除了底层通风透气不畅外，还会由于垫料中水汽透过垫料层凝结到水泥地上，使与水泥地面接触的垫料层过湿，造成发霉和腐烂。如果在水泥地面打孔，使垫料与土壤接触，会明显提高效果。

（3）湿式发酵床改造。首先清理出原有的发酵床垫料，如果老垫料已变黑，应废弃作肥料用。如果未变黑褐，说明还有发酵能力，应晾干备用；然后，调整发酵池的深度，最好通过填土的方式，使发酵池的深度达到40厘米；最后，将晾干的老垫料铺到发酵床中下层，上层最好用新垫料。菌种的使用及其他方面的要求与干撒式发酵床使用方法一样。

三、发酵床制作

（一）发酵床建造

1.养猪发酵床建造

我国生猪养殖业地域分布广，气候类型复杂，猪场规模差异性大，养殖规模千差万别，在应用发酵床养猪技术过程中，切不可墨守成规、照搬照抄原来的经验模式，只有选择吸收现有技术成果，并因地制宜加以合理应用，才能达到预期的效果。

（1）养猪发酵床的分类。目前，常用的猪场发酵床分为地上式、地下式、半地下式三种方式（图15）。

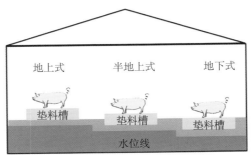

图15　猪场常用发酵床分类

地下式：就是将垫料池构建在地表面以下，新猪场建设时，一次性开挖一地下长槽，再由铁栏分隔成若干单元。地下式应该下挖60～100厘米（南方浅，北方深），铺上垫料后与地面平齐，地面不用打水泥，直接露出泥土即可在上面放垫料。在建筑墙面一侧，要注意砌挡土墙，不能让泥土塌下来，中间的隔墙则直接建设在最低泥地上，隔墙高至少1.8米，其中0.8米用于挡住垫料层，1米用于猪栏的间隔墙。地下槽模式冬季发酵床保温性能好，造价较地上槽低，但透气性稍差，无法留渗液通气孔，发酵床日常养护用工多。适于北方干燥或地下水位较低的地区。

地上式：地面模式就是将垫料池建在地面上，池深80～100厘米，垫料池底部与猪舍外地面持平或略高，垫料池底留一适当的渗液通气口。该方法主要用于旧猪舍的改造，需要在周围砌矮墙。发酵床利用原有土地即可，不用铺上水泥，既省钱又能通气，圈舍一般应尽量做成开放式或半开放式。北方应注意避免下雨天将圈舍弄湿，南方应注意地下水不能渗入床内。地基过湿的应采取必要的防渗措施。还要注意大风大雨时防止雨水飘到垫料上。单列式在猪舍北端设置1米的水泥走道，水泥走道靠近护栏面挖成下水道通向舍外，上面铺以铁制或水泥制的漏网。双列式的发酵床只是和单列式相对，南、北发酵床可共用一个室内水泥走道和下水道，节省面积。地上模式能保持猪舍干燥，特别是能防止地下水位较高的地区的渗水。地面式垫料池的窗户一般都正对垫料池正中，以方便垫料进出。

半地下式：将垫料池一半建在地下，一半建在地上，硬地平台及操作通道取用开挖的地下部分的土回填，其他建设与分隔模式同地上槽。半地下式发酵床主要参考上面两种方式的建造方法，在地下深挖30～50厘米（具体深度视情况而定），在地上砌矮墙30～50厘米，保证垫料层高度在60～100厘米即可。半地下槽模式造价较上两种模式都低，发酵床养护便利，但透气性较地上槽差。不适应高地下水位的地区，适于北方大部分地区、南方坡地或高台地。

（2）养猪发酵床建造。在建设猪舍时，可以根据三种模式和建筑工艺合理安排地基基础的种类和深度。如果场址选在具有沙砾、碎石、岩性土层的地方。要求有足够的厚度，均匀一致、压缩性小、膨胀性小，且所在场址的地下水位低。如果无法满足这些要求，就要采取钢筋混凝土的构建。发酵床式生态养猪的技术核心是发酵床的铺设，在很大程度上决定成功与否，决定经济效益的高低。①建池（以单侧为例）：地上模式发酵床在地面上以上构筑，整栋猪舍中的发酵床要贯通，不要打横路，深度80～100厘米，靠窗的一侧与地基共用南墙。②垫料进出口：一般位于猪舍的靠窗侧，便于垫料的进出和清理。③渗液通气口：位于垫料槽外侧底部，作为保证通透性的通气孔。④发酵池池底：发酵池池底的构造最理想的是土质的，只要夯实铲平就行，因为这不仅简单省钱，其最大的优点是有利于发酵，千万不要用水泥地面。⑤料箱结构：若养殖两栏以上的猪只，料箱最好采用双面式，不仅利于管理，而且还节省造价。料箱内部结构似梯形，上口宽35～40厘米，下口宽20厘米，高10厘米，上口的外沿略高于内沿，下口要圆滑，不要有死角。⑥支柱（棚柱）的固定：不管是木桩、钢管、水泥管或砖垛都应直接插入地面以下70～80厘米，下部用混凝土固定，上部和建筑骨架相连接，使整个猪舍连为一体。⑦圈舍护栏：护栏一般采用砖墙或采用镀锌铁管（不易生锈），分内护栏和外护栏，内护栏指在发酵床上的护栏，最低处距地面10厘米，最高处距地面80厘米。外护栏要以挂钩连接，这样可以省去猪圈小门。

2.养鸡发酵床建造

（1）大棚养鸡发酵床建造。大棚发酵床养鸡舍建设根据当地风向情况，选地势高燥地带建设，大棚两端顺风向设定，长宽比为3∶1左右，高3.5米左右，深挖地下30厘米以上，北方则要40厘米以上（也可以在泥土地面上四周砌30～40厘米高度的挡土墙，但同时鸡舍也需加高30～40厘米），以填入垫料。也可以采用半地下式的，即把鸡棚中间的泥地挖一点，如挖15厘米深，挖出的泥土，可以直接堆放到大棚四周，作为挡土墙之用，起到了就地取材的作用。总之，只要空出高度为30～40厘米的空间，放置发酵床垫料即可，再在上面盖上养鸡的大棚即可。

以24米×8米的大棚为例（图16），面积为192米^2，造价不到8 000元，而建设相应的砖瓦结构鸡舍，需要4万～5万元。

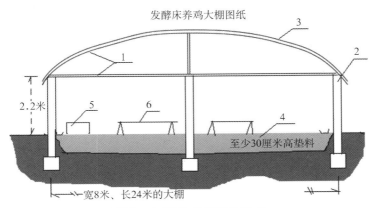

发酵床养鸡大棚图纸

图16　大棚养鸡发酵床结构

1.大棚顶骨架　2.水泥立柱或其他材料的立柱　3.棚顶塑料薄膜　4.发酵床垫料　5.木制育雏箱（幼雏和中雏1.0米×1.0米×0.21米）　6.栖息支架（高30～50厘米）

　　注：冬天注意用塑料薄膜四周密封保温；夏天注意通风，包括棚顶开通风口；食槽可用木槽做成，饮水器为水管钻孔制成。

　　充分利用阳光的温度控制：大棚上覆塑胶薄膜、遮阳网，配以摇膜装置，天热可将四周裙膜摇起，达到充分通风的目的。冬天温度下降，则可利用摇膜器控制裙膜的高低，来调控舍内温、湿度。冬天可将朝南遮阳网提高，以增加阳光的照射面积，达到增温和消毒的目的。使用寿命可达到6～8年。

　　不使用传统的风机进行机械通风，而是靠自然通风。垂直通风：大棚顶部，必须每隔几米留有通气口或天窗，可以由两块塑料塑胶薄膜组成，一块固定，另外一块为活动状态的，打开通风口时，拉动活动的塑料薄膜，露出通风口，发酵产气可以直接上升排走，并起到促进空气对流的作用，并可垂直通风；在夏天可以利用这一通风模式。纵向通风：利用摇膜器，掀开前后的裙膜可横向通风；把鸡棚两端的门敞开，可实施纵向通风。自然通风不需要通风设备，也不耗电，是资源节约型的（图17）。

图17 发酵床养鸡大棚

（2）网上养鸡发酵床建造。发酵床上架网养鸡法是指在现行网上养鸡法的基础上，在网下地面上铺设发酵床的新型饲养方式（图18）。这种方法既具有网上养鸡的优势，也同时具备发酵床养鸡干净无污染、零排放的好处。网上饲养白羽肉鸡或黄羽肉鸡（图19），鸡舍建造、饲养方法和密度与一般网上饲养一样，直接在网床地面铺设南方20厘米、北方30厘米

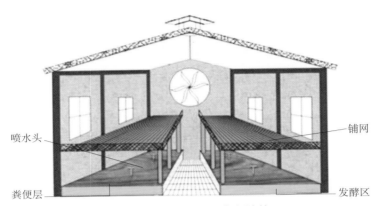

喷水头

铺网

粪便层

发酵区

图18　网上养鸡发酵床结构

图19　白羽肉鸡舍网上发酵床

厚的垫料制作发酵床，简单快捷。目前一些改进的办法，就是在网下垫料饲养少量土鸡，必要时适当抬升网的架设高度（图20）。网下饲养土鸡有两个作用：
一是捡食网上楼下的饲料，网上肉鸡吃料时会把少量
饲料撒落网下造成浪费。二是土鸡捡食饲料时要进行
刨抓动作，这样就把网上掉下的鸡粪与垫料进行了搅
拌，让垫料中的发酵菌尽快完成分解鸡粪的的任务。目
前，大棚发酵床和网上养殖发酵床均已广泛应用于家禽
饲养。

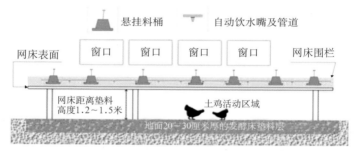

图20　改进型网上养鸡发酵床结构

（二）垫料选择

1.养猪发酵床垫料选择与制作

垫料具有重要的生物学功能：①吸附生猪排泄的
粪便和尿液。垫料是由木屑、稻壳、秸秆等组成的有
机物料，有较大的比表面积和孔隙度，具有很强的
吸附能力。②为粪便和尿液的生物分解转化提供
介质与部分养分。垫料和生猪粪便中大量的土著

微生物，在有氧条件下可以使粪便和尿液快速分解或转化，人工接种的有益微生物可以加速这一过程。

微生物生长繁殖受多种因素的影响，如碳氮比、pH 、温度和湿度等。就猪尿而言，氮含量较高，碳氮比一般在（15～20）：1，而微生物正常生长的最佳碳氮比为30：1，发酵床的温度主要由发酵速度控制，而湿度除受排泄物本身的含水率影响外，还受到养殖过程中水的供应及气候条件的影响。因此，微生物能否快速生长繁殖，取决于多种因素。

（1）垫料制作的准备。发酵菌的准备在制作过程中菌种功能是关键，其质量直接影响猪舍中粪尿的降解效率，可购买质量较好、试验效果比较稳定的成品发酵菌种。垫料的主要原料是稻壳、锯末、米皮糠，一个最小的垫料其体积不应小于10米^3。各类猪只所需生物发酵床（垫料）的体积和面积见表1。

表1　猪只占用生物发酵垫料的体积和面积

猪只类别	垫料厚度（厘米）	垫料体积（米^3/头）	垫料面积（米^2/头）
妊娠母猪	90～150	1.3以上	0.90～1.40
哺乳母猪	80～90	1.5以上	1.70～1.90
种公猪	55～60	1.5～1.6	2.50～2.90
保育舍猪	55～60	0.2～0.3	0.30～0.50
生长猪	80～90	0.7～0.9	0.78～1.00

（续）

猪只类别	垫料厚度（厘米）	垫料体积（米³/头）	垫料面积（米²/头）
育肥猪	80～90	1.0～1.2	1.10～1.50
后备种猪	80～90	1.0～1.2	1.50～1.50

（2）原料的质量要求。①锯末：应当是新鲜、无霉变、无腐烂、无异味的原木生产的粉状木屑。凡是通过浸泡或熏蒸杀虫以及涂过油漆后的木制品制成的木屑或锯末均不能使用。因为以上物质对微生物有抑制和杀灭作用。②稻壳：应当是新鲜、无霉变、无腐烂、无异味、不含有毒有害物质的稻壳。稻壳不应粉碎过细，应当是片状的。③米皮糠：又称为油糠，是稻谷脱壳后碾制糙米时产生的副产品。该产品不含稻壳和米皮以外的其他物质，凡掺杂和掺假的米皮糠不能使用。

（3）原料的功能与替代。①锯末在垫料中的主要功能是保水并为微生物提供稳定的水源。锯末中的主要成分是木质素，其不易被微生物分解，故经久耐用，也可将木本植物树枝、树叶、禾本科植物秸秆等经粉碎后替代锯末作为原料。各个地区可根据实际情况，通过试验对比之后使用当地资源。②稻壳在垫料中的主要功能是起到疏松透气作用，为微生物提供氧气。稻壳中的主要成分是纤维素、木质素和半纤维素，其不易被微生物分解而耐用。花生壳可替代稻壳总量的30%。③米皮糠的主要功能是给微生物提供营养，在没有该原料的地方，可用玉米面粉替代（图21）。

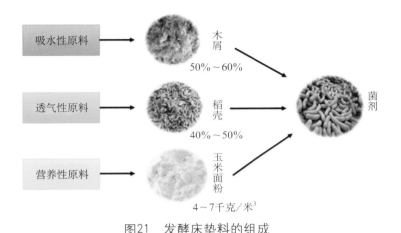

图21 发酵床垫料的组成

发酵床原料的组成比例见表2。

表2 不同季节发酵床垫料的原料组成

项目	稻壳（米³）	锯末（米³）	米皮糠（千克/米³）	发酵菌种（千克/米³）
春、秋、冬季	0.4～0.5	0.5～0.6	6～7	0.20～0.25
夏季	0.4～0.5	0.5～0.6	4～5	0.20

垫料的计算：因干的稻壳和锯末都较疏松，在计算实际垫料的用量时，多预算20%的体积数量进行发酵。通常情况下，垫料经生物发酵后，其高度会下沉10厘米左右，当发酵好的垫料经猪只踩踏后，其高度又会下沉10厘米左右，因此，在发酵前计算体积时，应当充分考虑垫料体积的缩小部分。

（4）垫料制作步骤。

干法制作发酵床（图22）：①发酵床专用菌按说

明书比例与营养辅料混匀（米糠、麸皮或玉米粉），分成三份。②垫料槽内铺设第一层垫料（约30厘米，具体畜舍需要的1/3），压实，均匀撒入一层米糠和菌种的混合物。③垫料槽内铺设第二层垫料（约30厘米，具体畜舍需要的1/3），压实，均匀撒入一层米糠和菌种的混合物。④表层（约30厘米，具体畜舍发酵床厚度的1/3），垫料与菌种混匀后一同加入垫料槽。

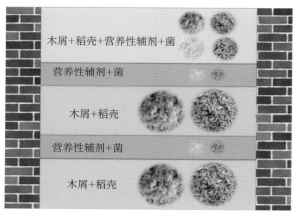

图22　干法制作发酵床

湿法制作发酵床（图23）：①发酵床菌液按说明与营养辅料混匀（米糠、麸皮或玉米粉）。②将主料锯末和木屑混匀。③将主料和辅料混匀（可在室内操作，也可在室外操作）。④加水至40%～45%的含水量。⑤将菌种混合好的垫料堆积成梯形结构，或直接投入垫料槽内。⑥温度检测：一般发酵，第二天就达到40～50℃，4～7天最高达到70℃，随后平稳至45℃，表明发酵完成，一般夏季7天，冬季10天。
⑦发酵完成后根据不同畜舍需要铺入发酵床。

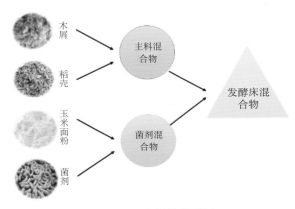

图23　湿法制作发酵床

（5）湿法发酵过程中异常情况及处理。①温度上
升太慢，48小时后只能达到40℃左右。这主要是垫
料的水分太高或环境温度太低所致。如果部分垫料水
分过高可等1～2天，温度能达到65℃以上，也能成
功，如果温度无法达到65℃，就要重新添加米皮糠和
增加干料，混合均匀后重新发酵。如果是环境温度太
低，就采取提高环境温度或在垫料中用热水瓶增温的
办法。②温度升高到60℃左右就停止升温。这种情况
多数是因米皮糠的数量不够或质量不好所致。应当在
原来数量的基础上增加50%的米皮糠，重新混合发
酵。③垫料上方的温度不一样，有的地方温度达75℃
以上，有的点只有50～60℃，这是因垫料没混合均
匀所致，采取的办法是重新添加相同数量的米皮糠，

重新混合发酵。④在垫料堆积后，地面四周就流出水来，这是因为垫料的水分过高。这样会使大量的微生物随水而流失，采取的措施是迅速增加干垫料，重新混合堆积。

因堆积的高度过低。温度往往在40～50℃徘徊，采取的措施是重新添加相同数量的米皮糠，重新混合发酵。堆积的高度不得低于1.5米，体积不少于10米^3。

2.养鸡发酵床垫料选择

从技术角度看，发酵床养鸡对垫床原料的要求为：碳氮比高、碳水化合物（特别是木质纤维）含量高、疏松多孔透气、吸附性能良好、惰性强、细度适当、无毒无害、无明显杂质、对皮肤无刺激等特性。从实用的角度来说，垫料原料必须来源广泛，采集采购方便，价格尽可能便宜，质量容易把握。发酵床垫料原料碳氮比是发酵体系中最重要的影响因素。碳氮比是指垫料中含碳元素和氮元素质量的比值。理论上讲，碳氮比大于25的原料都可以作为垫料原料。碳氮比越高，使用寿命越长。常用的几种原料的碳氮比平均值为：杂木锯末492：1、玉米秆53：1、小麦秸97：1、玉米芯88：1、稻草59：1。

锯末是最佳的发酵床垫料，在所有垫料原料中锯末的碳氮比最高，惰性最强，最耐发酵。同时锯末疏松多孔，持水性最好，透气性也比较好。从技术上讲，全用锯末或以锯末为主与少量稻壳掺和做发酵床是最好的。锯末的细度正好适合发酵床要求。

　　稻壳也是很好的垫料原料，透气性能比锯末好，但吸附性能稍次于锯末。含碳水化合物比例比锯末低，灰分比锯末高，使用效果和寿命次于锯末。可以单独使用，也可与锯末混合使用。稻壳不宜粉碎，否则过细不利于透气。稻壳比锯末的优点在于品种纯净，质量稳定，在采购稻壳时一般不用担心过湿和霉变。

　　花生壳可以不经粉碎铺到发酵床最下层，厚度不宜超过15厘米。也可粉碎到与稻壳同样的细度（或略粗到0.5 ～ 1.0厘米）与锯末或稻壳混合使用。

　　玉米秆可以铡短后铺到最下层，厚度10厘米左右；也可铡短到3厘米左右，按1/4以下比例与锯末或稻壳混合使用。

　　小麦秸和稻草可以不铡短直接铺到最下层，厚度不超过20厘米。也可铡短到2厘米左右，与锯末或稻壳混合使用，比例不超过1/3。小麦糠即包裹小麦粒的秕壳，多为麦秸造纸剩下的废弃物。用法与小麦秸相同，不宜粉碎。

　　玉米芯可以粉碎到黄豆大小的粒度单独使用，或与锯末、稻壳混合使用，比例不限，也可以经碾压破碎后直接铺到最下层。玉米芯本身对鸡有一定的营养价值。

　　湿式发酵床一般使用锯末和稻壳各半混合做垫料，也可在垫料下层铺垫木段、树枝和农作物秸秆等。虽然锯末的碳氢比几乎在所有原料中最高，吸附性能也很好，但吸水后透气性能较差，所以要掺入不黏结、透气性好的稻壳增加透气能力。干撒式发酵床对垫料原料种类要求不严，可以单用锯末或稻壳，或者混合使用，或者多种原料部分或全部替代，如花生壳、麦秸秆、玉米秸秆等。

（三）菌种挑选

微生物群落是发酵床养猪技术的核心部分，良好的垫料管理、性状稳定且分解能力良好的微生物菌种是发酵床养猪技术的关键因子。猪排泄物降解效率和发酵床使用年限均与菌种的组成和活性有直接关系。如果菌群的发酵温度不能在50℃上维持一段时间，则粪便中的病原菌不能被有效杀灭；但是如果菌群发酵持续发热，则会使发酵床垫料降解过快。仅依靠有氧发酵，则氧气浓度较低的深层垫料中的有机物质则不能被有效分解；而仅依靠厌氧发酵，则垫料表层的大量粪便无法分解消除。发酵床养殖过程中还需要不同种类的菌种进行分工发酵，针对粪便中所含的糖类、淀粉、纤维素等不同有机物质应具备不同的菌种。同时，考虑到生猪拱食的特点，可以在发酵床中添加一定的益生菌，促进有益微生物在猪肠道的定植，以增强其抗病性。因此，发酵床功能菌由多种有益菌种及其代谢产物组成，在粪便、垫料分解及动物体内代谢等方面发挥作用。

1.发酵床的主要功能菌群

发酵床制作过程中常用的菌种主要包括光合细

菌、乳酸菌、酵母菌、放线菌、芽孢杆菌等。

（1）光合菌群。属兼性好氧菌，如光合细菌和蓝藻类。发酵床中主要的光合细菌是紫色非硫细菌，适宜发酵温度为 $10 \sim 40℃$。光合细菌营养丰富，菌体本身蛋白含量高达60%以上，且富含多种维生素，如维生素 B_{12}、叶酸、生物素等，同时还含有辅酶Q10、抗病毒物质和促生长因子等。它以土壤接受的光和热为能源，将土壤中的铵态氮、硫化氢、单糖、醇类、有机酸、氨基酸等中的氢分离出来，变有害物质为无害物质；并以植物根部的分泌物、有机物、有害气体及二氧化碳、氮等为基质，合成糖类、氨基酸类、维生素类、抗病毒物质等生理活性物质，从而达到除臭等目的，这既满足了微生物生长和繁殖的营养需求，又增加了土壤的肥力。光合菌群的代谢物质能被植物直接利用，还能为其他微生物生长与繁殖提供养分，光合细菌的增殖往往会伴随着其他有益微生物的增殖。被动物摄入的光合细菌活菌对胃肠道健康具有重要功能，它可以抑制有害菌生长，降解硫化物和氨等有毒有害物质，刺激肠道蠕动，提高消化吸收率，改善菌群平衡状态等。

（2）乳酸菌群。属兼性厌氧菌，细胞壁中含有丰富的肽聚糖，为革兰氏阳性菌，包括嗜酸乳杆菌、干酪乳杆菌、粪链球菌、植物乳杆菌等。这些微生物依靠摄取光合细菌、酵母菌产生的葡萄糖类碳水化合物发酵形成大量乳酸。乳酸具有很强的杀菌能力，能有效抑制有害微生物的繁殖，同时能加速有机物的分解。乳酸菌的另一个重要作用，就是能够抑制致病菌增殖。乳酸菌是动物肠道的有益菌。早在仔猪刚出生时，仔猪就从母猪的产道中获取了大量的微生物。近年来研究发现，产道中乳酸菌对仔猪肠道微生物菌群的定植和稳态具有重要的意义。乳酸菌进入动物肠道后，可通过竞争营养物质、竞争植肠黏膜上的定植位点、分泌乳酸等方式排斥有害菌。因此，乳酸菌常常被作为饲料添加剂在养猪或养禽产业中广泛添加使用。

（3）酵母菌群。属兼性厌氧菌，最适生长温度一般在20～30℃，能在pH3.0～7.5的范围内生长，耐高渗透压、耐高浓度的有机底物。酵母菌主要利用光合细菌合成的糖类及氨基酸进行发酵，为其他细菌的增殖提供一定底物。同时，酵母菌分泌的活性物质也参与其他菌种的增殖调控。有研究表明酵母菌进入生猪肠道后，可有效提高纤维素的降解率，有利于有益菌的微生态平衡，并在肠道产生有机酸、过氧化氢和细菌素等抑菌物质，抑制肠道内腐败菌的生长，降低了脲酶活性，减少了蛋白质向胺及氨的转化，并减少有害气体的排出。但也有研究指出酵母菌并不是猪肠道的原始菌群，所以较难定植。因此，酵母菌更主要是作为一种重要的单细胞蛋白原料添加到动物的日粮中。有机物经酵母菌发酵后，蛋白质、维生素、氨基酸等营养物质含量提高，提供了生猪拱食后可吸收的养分及其他菌种增殖所需要的营养基质。

（4）放线菌群。属于兼性厌氧菌，形态介于细菌和霉菌之间。放线菌在发酵床的功能菌群中的作用主要作用是预防和抑制病害，并对寄生虫具有抑制作用。常温放线菌的发酵温度为23 ~ 37℃，高温放线菌为50 ~ 65℃，因此，在高温和低温时，放线菌均能工作。它从光合细菌中获取氨基酸、氮素等作为底物，合成各种抗生物质、维生素及酶，直接抑制病原菌的繁殖。同时，也与其他害菌竞争营养物质，从而抑制有害菌增殖。放线菌和光合细菌协同，可以极大提高放线菌自身的杀菌能力。同时，放线菌还可在发酵床功能菌群发酵的高温阶段协同芽孢杆菌持续发酵，分解粪便及垫料成分（对难分解的物质如木质素、纤维素，也具有降解作用）。

（5）芽孢杆菌群。属好氧菌，是土壤腐生菌，在自然界中广泛存在，能产生内生孢子，具有耐高温、耐酸碱及耐挤压等优点。芽孢杆菌主要在发酵后期进行，当发酵床温度升至50℃时，光合细菌、酵母菌的活动迟缓，芽孢杆菌迅速增殖，并承担主要的发酵的工作。目前在畜牧生产中研究和应用较多的是枯草芽孢杆菌、地衣芽孢杆菌、纳豆芽孢杆菌、凝结芽孢杆菌等。芽孢杆菌可产生高活性的过氧化氢酶及硫化物分解酶，降低粪便中氨、吲哚等有害气体的浓度。发酵床中的芽孢杆菌与垫料中有机碳的分解速率呈正相关，与动物粪便中的氮素代谢密切相关，同时参与纤维素的降解。此外，芽孢杆菌能够通过分泌抗菌物质，对致病菌或病毒起杀伤作用，其分泌的抗菌物质有脂肽类、肽类、磷脂类、类噬菌体颗粒、细菌素等。同时，芽孢杆菌也能提高饲料消化率。芽孢杆菌具有丰富的产酶系统，可利用多种营养物质，产生蛋白酶、淀粉酶、β-葡聚糖酶、植酸酶、果胶酶和木聚糖酶等十几种酶，可以极大地提高猪饲料消化吸收率。同时，芽孢杆菌能刺激猪的免疫器官生长发育，激活T淋巴细胞、B淋巴细胞，提高免疫球蛋白和抗体水平，增强细胞免疫和体液免疫能力，提高畜猪的群体免疫力。

（6）土著菌。即当地的环境微生物菌群，包括固定碳素的光合细菌，抑制病害的放线菌，分解糖类的酵母菌以及在厌氧状态下能够有效分解有机物质的乳酸菌等多种微生物组成的群落。土著菌可在阔叶林或竹林的落叶腐殖质较多的地方采集到。日本鹿儿岛大学的畜产专家万田正治教授曾说过，很多人都想做分离培养菌种的工作，但最终效果却不及土著菌，在现有的各种粪便处理技术中，能达到土著菌处理效果的很少。土著菌具有采集的随机性及不同地区的差异性等特点，常需要因地制宜地开展研究。但是，土著菌来源于养殖场周围的自然环境中，经过长期生态系统的优胜劣汰，现存的土著菌可能对当地的农业或自然废弃物垫料有着更好的发酵能力，从土著菌中筛选到的优势菌株可能比现有的商业菌株更具活性。另外，从生物安全的角度来看，土著微生物是采自当地的自然环境中的微生物，对生态环境来说是安全的，不会出现破坏生态环境的潜在危害。

由此可见，在发酵床中各类微生物都各自发挥着重要作用，其中核心菌群是光合细菌，它的合成作用从根本上维持着发酵床中其他微生物的活动。同时，光合细菌也利用其他微生物产生的物质，形成共生关系。在不同细菌的共同协作下，共同完成发酵床的降解作用。

2.常用菌种剂型

目前，常用的发酵菌剂来源有两种：一种是自行从野外通风和湿润土壤的竹林和树林根部采集菌种培养，这需要专门技术和培养条件，制成菌剂的质量有较大差异；第二种是购买的商品菌剂，对于一般养殖场，选用商品菌剂质量容易把握，比较实用。目前常用的菌种产品主要有液体和干粉两种。干粉菌种的活力比较持久；液体菌种的活力衰减较快，常规条件下长期存放时质量没有保证（图24）。

图24　菌种剂型——液体和干粉

干撒式发酵床菌剂都是干粉，没有液体菌剂。菌剂一般是从专门商家购买，干粉剂便于运输和存贮。在发酵床菌种的使用上，使用最普遍的三种菌种分别是酵母菌、乳酸菌、芽孢杆菌。酵母菌作为一种兼性厌氧菌，可以很好地解决发酵床氧气分布不均匀的情况，适宜的发酵温度为20～30℃，分泌的多种酶类可对粪便中的有机物进行高效分解。以上是利用各种单一菌种进行组合来形成发酵床的微生物群落，这种由硬性组合得到的微生物系统从长远来看不是很稳定，当外界因素诸如温度、湿度等变化时，该方式下的微生物系统容易发生紊乱，导致发酵床失败。有些企业采用天然复合菌，它的功能比较强大，适应性较强。

（四）发酵床发酵进度控制

1.水分控制

水分是微生物生长繁殖基本条件，不同微生物对水分的要求不同，微生物生长适宜的湿度在40%～70%，水分含量过高或过低，均不利于微生物的生长。水是微生物生长所需营养物质的良好溶剂，能维持细胞的渗透压，溶解液也参与微生物的新陈代谢。同时水分蒸发带走发酵床的热量，起到调节温度的作用。对于好氧发酵而言，发酵原料适宜的初始含水率为50%～60%。含水量过高会堵塞堆料中的间隙、影响通风，最终导致厌氧发酵，好氧菌活性下降，延长堆肥腐熟时间；而水分过低，则微生物活动受阻，有机物难以分解，减缓发酵速度。

2.碳氮比控制

微生物生存和繁殖需要合理的营养源，发酵床中的营养物质主要来源于垫料和猪粪尿中易分解的有机物。微生物以碳水化合物(碳源)为食物，以氮素(氮源)为繁殖建造细胞的材料，因此合理的碳和氮含量决定了微生物的生存和繁殖效率。发酵床垫料中的碳氮比是发酵体系成功与否的重要影响因素，适宜的碳氮比可为发酵床功能菌群的生长提供均衡的营养条件，保证粪便快速发酵分解。氮源过多，会使菌体生长过于旺盛，pH偏高，不利于代谢产物的积累；氮源不足，则菌体繁殖量少，从而影响产量。碳源过多，则容易形成较低的pH，抑制细菌的生长；碳源不足，易引起菌体衰老和自溶。另外，碳氮比不当还会影响菌体按比例吸收营养物质，直接影响菌体的生长和产物的形成。因而合理调节比是加速微生物发酵的有效途径。目前，研究发现，碳氮比为25 ∶ 1左右时，堆肥效果较好。

3.温度控制

温度是衡量垫床发酵效率的一个重要指标，它影响着微生物的活性以及有机物的分解速度。高温和低温都会影响发酵床效率，温度过高，会杀死有益微生物，延缓发酵的进行；温度过低，会降低微生物的活性而延长粪尿降解速率。对于发酵床而言，发酵是一个放热过程，在夏季易产生高温，不仅影响微生物的活性，还易导致动物受到热应激，影响生长性能，因此应采取措施加以控制。当发酵床温度超过50℃时，应该采用机械通风或者降低垫料厚度等方式（南方可以考虑安装湿帘）来达到降低温度的目的，否则会导致猪舍通气不流畅、湿度过高而使垫料层部分湿度过高，导致发异常发酵，影响动物健康。

4.透气性控制

发酵床主要利用兼性好氧菌进行好氧发酵，氧气是好氧微生物生长繁殖中不可缺少的部分，因此发酵床中氧气的含量至关重要。微生物的生长繁殖能迅速分解猪粪尿中的有机质作为自身营养源及代谢产物。通气差会造成厌氧性微生物活动加强，导致有机质腐败，产生恶臭，污染环境。因此，加强垫料的翻动和通风，使垫料中含有充足的氧气是微生物快速分解粪尿的重要条件之一。在发酵床养猪过程中应定期翻动垫料，保证发酵床中具有足够的氧气流通，从而增强微生物的有氧发酵。在氧气供应充分时，微生物代谢旺盛，可以快速将粪便中的有机物质降解为无机物，堆体含氧量应该保持在8%～18%。含氧量低于8%时，厌氧发酵成为主导，产生恶臭味；氧气含量高于18％则会导致堆体冷却，使得病原菌大量存活。因此，在日常生产中，通常来说保育猪舍5～7天翻动1次，中大猪舍3～5天翻动1次，翻动深度为30厘米左右，在粪尿集中的地方需要特别注意，可将猪粪分散后再进行深翻。

在发酵床养鸡中，一般情况下，鸡粪会在垫料的表面积存，并逐渐形成有一定硬度的粪痂，这时如果不进行专门的翻倒操作，就只有少部分鸡粪通过渗透和鸡的刨动混入垫料，其余大部分鸡粪在垫料表面基本不能实现发酵进程。翻动垫料目的，一是把鸡粪从表面翻入垫料内部，二是增加垫料的透气性能。发酵是有氧过程，需要大量氧气，只有垫料透气才能供应氧气、排出生成的废气。一般每5～7天翻动1次即可，鸡群明显发病时要增加翻动次数，最好每天翻动1次，以减少垫料表面病原。翻动深度10～20厘米。每批鸡出栏后要彻底翻动1次，深度以30厘米为宜。

5.酸碱度控制

所有微生物均有最适的生长的pH。发酵床发酵过程依赖于微生物的作用，而适宜的pH是微生物生长的重要条件，适宜的pH可以使微生物有效地发挥作用。就好氧发酵而言，微生物的适宜pH一般为6.0～8.5，此时微生物增长速度和有机质分解速率最大。过酸(pH＜5.0)或过碱(pH＞8.0)均不利于微生物生长繁殖，微生物的活力受到限制，分解能力大大降低。因此，保持发酵床的pH处于正常的范围，也十分重要。

6.定期补充新垫料和菌种

使用发酵床养猪时，以初建时垫料厚度为40厘米的养殖育肥猪为例，一般第一次补充新垫料的时间为第四个月，补充的厚度为8厘米左右，以后每3～4个月补充一次，补充的厚度为8厘米左右，最好选择在每批猪出栏后进行；而母猪、种猪栏则每6～10个月才补充一次，补充的厚度为8～10厘米。具体实践中的操作，以养殖场实际情况为准。补充的诀窍一般是铲出猪集中拉粪尿的已经变黑的部分垫料，再进行补充。当发现表面呈细黑土状时可以铲出上层5～10厘米原有垫料，再补充铲出垫料厚度的120%即可（例如铲出了10厘米，补充新垫料12厘米即可），补充新垫料后要可以使用发酵床复合菌液喷淋垫料表面一次。

肉鸡的养殖周期通常在2～4个月，在每一批肉鸡出栏后，通常将发酵床垫料补充少量新的垫料和菌种，重新堆垛发酵3～5天后即可重复使用，这样既可以省去传统鸡舍消毒的程序，又能有效地提高垫料的利用效率。在使用过程中要经常注意发酵床的状态，若发现结块现象，则要用仪器快速测定发酵床里微生物的数量和活性，必要时要喷雾补充相应的发酵菌种，否则很容易发生死床现象。考虑到鸡粪中的盐类会在垫料中积累，使垫料中盐度增加，影响发酵菌群活力，在饲料配方中，盐类特别是重金属盐类（如铜、铁、锰等）要执行最低添加标准，同时补充新的菌种。

四、发酵床维护

（一）高温和低温环境下发酵床管理

1.低温环境（冬季）养猪发酵床管理

冬季天气寒冷，部分地区昼夜温差大，发酵床会出现氨气味浓烈、湿度大、垫料温度低、垫料板结等现象。因此，冬季发酵床的管理维护特别重要，没有人管理的发酵床或者管理不善的发酵床会出现很多问题。寒冷的冬季，要对发酵床进行特殊管理维护。

（1）增加垫料厚度。在东北，由于气候严寒，发酵床损失热量严重，如果没有一定厚度的保证，发酵床是运行不好的。单纯使用锯末制作的发酵床建议最低厚度为80厘米，锯末与其他垫料混合制成的发酵床建议100厘米厚。实际上，垫料的厚度是制作发酵床一个很关键的要素。同时为了提高发酵强度，可以采取增加菌种用量、喷洒红糖水、增加翻倒频率等方法，使发酵床除臭和保温的功效发挥到最佳。

（2）降低饲养密度。由于冬季猪舍普遍存在的问题是通风不足、舍温低、湿度大，把发酵床的饲养密度由1.2～1.5米²/头调整到1.8～2.0米²/头是比较合理的。如果发酵床运行效果没有受到影响，可以不用调整或者稍微减小饲养密度。

（3）发酵床的采光很重要。发酵床的垫料表面应当设计成阳光普照，利用太阳的辐射热加快垫料表面水分的蒸发，这一点十分重要。千万不要小看太阳辐射的力量。

（4）保持垫料松软透气的特性。垫料只有保持一定的空间结构，空气才容易进入垫料的空隙，正常的发酵才能够持续。新鲜的垫料经过一段时间的使用，它的物理性状就会改变，垫料容易板结、黏滞、透气性下降，这都是正常的现象。因而必须对发酵床上的垫料进行翻动。当然猪也会进行一些拱掘的翻动工作，但是人为的翻动是必不可少的。

（5）保持垫料干爽。这是发酵床得以持续运行的关键因素。通过加强猪舍的通风，做好猪舍的防寒保暖，补充垫料，增加垫料厚度，降低饲养密度，来达到保持垫料干爽的作用。

（6）定期换垫料。发酵床中的垫料和粪便会被微生物利用分解，变为菌体蛋白和其他物质，被猪拱食掉，因此发酵床运行一段时间后垫料会消耗一部分，需要进行定期补充垫料。冬季更应该注意垫料的补充，为微生物提供营养，有利于发酵床的正常运行。发酵床并不是不清粪，而是猪的粪尿转化成了微生物和代谢产物，与垫料混合在一起，还是需要定期清除的。

（7）加强通风保温。通风与保暖非常矛盾。保暖是保证猪生长的正常温度，促进猪的生长，同时提供给发酵床一个正常发酵运行的温度。通风则是排掉圈舍内发酵粪便产生的氨气，氨气浓度如果过大，会影响猪的正常生长，严重时会中毒。排风的同时会排掉一部分水汽。就发酵床养殖而言，冬天的通风不能少，否则会导致氨气味大，发酵床湿度大，换气不良而使发酵床中好氧微生物因缺氧而死亡，最终出现发酵床失效、猪感冒受凉等，所以在冬天发酵床也要通风（图25）。可利用圈舍内的天窗、地窗、门窗、引风机窗，进行适时通风。晴天时中午开窗通风，晚上关闭。大棚式的发酵床养殖圈舍往往因为棚顶薄，保温御冷效果差，而使圈舍内昼夜温差大，早上圈舍内起雾气。养殖用户晚上可覆盖草帘进行保温，早上将帘子掀起，这样会减少雾气的产生。

图25　猪舍通风设备

2.高温环境（夏季）养猪发酵床管理

夏天是养猪利润相对较少的季节，主要的原因就是气温过高造成的猪体能消耗过大，以及采食量减少，加上猪的汗腺不发达，特别怕热，并易造成体热蓄积和疾病多发，从而造成利润下降，不论是传统水泥地面养猪还是发酵床养猪，在夏天都存在着同样的问题。然而，发酵床在夏天遇到的高温问题更复杂一些。发酵床养猪因零排放、省工、省水、省料等诸多优点而正在被越来越多的人接受和实施，在春、秋、冬季节采取发酵床，其优势是非常明显的，但到了炎热的夏季，问题就出现了，因垫料持续产生的高温导致猪无法在发酵床上正常生活，即使采取建造一定区域的水泥地面也不能有效解决度夏的问题。因此夏季应采取以下措施防止过热。

（1）控制发酵床垫料的厚度。如果在南方，垫料的厚度建议为40厘米，北方为60厘米，等进入冬季天气变冷时再慢慢适当增加。垫料变薄，不仅减少了垫料的发热量，还便于猪可以随时拱翻到底而把垫料中的热气更多地散发出来。

（2）不要使用高发热量的菌种。夏天要减少使用发热量过高的菌种来制作发酵床垫料。其实，并不是发热量越大就证明菌种越好，发热量过大的菌种会导致使垫料持续高热、垫料粗纤维分解过快、垫料的使用年限缩短、垫料板结严重等。建议使用温和型、稳定型、综合型的菌种，要能够正常分解猪粪尿、对垫料粗纤维分解缓慢，这样的菌种就是最佳的发酵床菌种。发酵床的主要目的是为了分解粪便，所以，要选用针对粪便具有最大分解和吸收消化效果的菌种。

（3）制作发酵床垫料时不要添加能量原料。在铺设发酵床垫料时添加适量的能量饲料的作用是启动发酵床，让菌种复活繁殖，但如果添加过多的能量饲料，就会造成菌种繁殖率过高，导致在夏季持续高温和垫料过快消耗。因此，夏天要严格控制垫料中能量原料的添加含量。

（4）夏天的养殖密度要适当降低。在夏季，30千克以下的小猪每平方米1头；30～60千克的猪建议至少1.5米^{2}1头，60千克以上的大猪建议至少2米^{2}面积1头；在秋、冬、春季节可以恢复到正常的养殖水平。在高温季节养殖密度稍大时，一是由于猪体热的作用而造成相邻猪体间的小环境温度升高；二是猪的密度越大，猪粪尿就越多，垫料发酵所产生的温度也就越高。

（5）低矮房屋的改造。如果是吸热并透热的水泥瓦，可以在水泥瓦上铺设草帘，或者在瓦上增设喷淋设施。屋顶开天窗也是值得借鉴的好办法，因为天窗式养殖房屋会使空气自然流通，不断地将热气流从天窗中送出去，将室外空气吸收进来。同时，建议采取一些机械通风措施进行辅助通风散热，如加装换气风扇等措施。

3.高温和低温环境下养鸡发酵床管理

　　总体而言，发酵床养鸡的在高温和低温环境下需注意的事项与发酵床养猪相似。具体来说，发酵床微生物发酵熟化是一个放热过程，产生很多热量，使发酵床的温度上升；若不加控制，温度过高，会过度消耗有机质，影响发酵维持。此外，鸡伏地而栖的特点会使鸡与发酵床接触的位置温度很高，有可能会影响鸡的正常生活。鸡舍结构合理、充分通风换气、适时翻堆垫料是发酵床维持的必要条件（图26）。一般来说，发酵床温超过55℃就应采用通风或翻堆的方式加以控制。夏季还需要高强度的机械通风和降温。常用的通风降温设施包括电风扇、湿帘、水冷空调和冷风机等，其中冷风机效果作为理想。针对南方夏秋季节发酵床鸡舍的降温方法有：将鸡舍建成开放式，依靠自然通风降温；必要时使用电扇和风机等机械通风降

图26　夏季发酵床适时翻堆垫料散热

温，在发酵床垫料上层安装冷水管。在天气冷时，没有自然风的情况下，完全靠天窗和地窗就能达到通风换气的目的。在北方冬季时，发酵床鸡舍的供暖一般采用暖风炉。

（二）发酵床垫料更新

1.养猪发酵床垫料更新

发酵床垫料的使用寿命是有一定期限的，日常养护措施到位，使用寿命相对较长，反之则会缩短。当垫料达到使用期限后，必须将其从垫料槽中彻底清出，并重新放入新的垫料，清出的垫料送堆肥场，按照生物有机肥的要求，做好陈化处理，并进行养分、有机质调节后，作为生物有机肥出售。当垫料出现以下现象时，说明其需要养护和更新：①高温段上移。通常发酵床垫料的最高温度段应该位于床体的中部偏下段，保育猪发酵床为向下20～30厘米处、育成猪发酵床为向下40～60厘米处，如果日常按操作规程养护，高温段还是向发酵床表面位移，就说明需更新发酵床垫料了。可以加入有机物含量小的垫料加以混合，比如锯末。②发酵床持水能力减弱。垫料从上往下水分含量逐步增加。当垫料达到使用寿命，供碳能力减弱，粪尿分解速度减慢，水分不能通过发酵产生的高热挥发，会向下渗透，并且速度逐渐加快。该批猪出栏后应及时更新垫料。③猪舍出现臭味，并逐渐加重。

2.养鸡发酵床垫料更新

发酵床使用年限的多少和制作时的选材、养殖的密度、后期的维护有直接关系。在饲养过程中，发酵要分解消耗一些垫料，发酵床垫料会逐渐减少，需适时补充垫料。一般每出栏两三批肉鸡时，要补充少量垫料，并添加相应比例的发酵菌种，保证垫料厚度在40厘米左右，新垫料直接铺在老垫料上面，不必混合。根据猪发酵床垫料使用寿命做参考，发酵床养鸡的垫料能用3年以上。只要鸡舍没有臭气，就说明发酵床功能正常。注意冬天用发酵床养鸡时，也要定期做好通风工作，及时排除有害气体，有氨气时就要意识到需更新垫料和喷发酵液了。图27为垫料全部更新后的效果。

图27　发酵床垫料全部更新

发酵床的垫料原料更新不要求千篇一律，只要掌握好保水性与通透性垫料的配比，不同地区应充分考虑当地的区域资源优势，如石家庄周围的锯末、玉米芯；保定、衡水地区的花生壳；承德地区种蘑菇的菌棒；邢台、邯郸地区的棉花秸秆；京津唐地区的稻壳等。需要特别指明的是，玉米秸秆接触氧气易生黄曲霉菌，如要使用，在发酵池80厘米厚的情况下，可垫入发酵床底层不超过30厘米，并在日常管理翻撬时不要翻到50厘米以下，保证秸秆厌氧发酵环境。

（三）发酵床维护常用设备

1.养猪发酵床维护常用设备

根据发酵床的情况和生猪养殖的要求，通常需要对垫料进行机械操作管理。最常用的设备是垫料翻动设备。用于垫料制作、垫料日常翻动搅匀。规模化猪场可以使用小型挖掘机、小型铲车、小型翻耙机（图28）以及犁耕机（图29）等机械。平时饲养员简单翻耙垫料时也可以使用叉、耙、铲等小型农具。

2.养鸡发酵床维护常用设备

（1）垫料翻耙工具。翻倒养鸡发酵床垫料可以用铁锹、铁叉、铁耙（图30）、翻耕机（图31）以及专门为发酵床设计的翻耙机。用铁锹翻倒养鸡发

图28　发酵床小型翻耙机

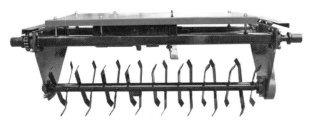

图29　发酵床小犁耕机

酵床存在操作费力、效率低等缺点，不如用铁叉方便、效率高，而且掺和均匀。最好用较大且齿多的铁耙。如果有条件购买，最好使用发酵床翻耙机，其效率相当于5～10个劳动力，而且能把粪块打碎，粪块与垫料混合均匀。如果不方便购买发酵床专用翻耙机，可用蔬菜大棚使用的翻耕机（图31）代替，也可以达到专用翻耙机的效果，而且价格还便宜。不论用人工翻倒还是专门机械，翻动深度以20～30

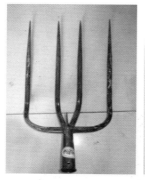

图30　垫料手工翻耙工具——铁叉（左）和铁耙（右）

图31　翻耕机

厘米为宜，过浅不能让鸡粪与垫料充分混匀，过深不但费力，并且不利于发酵。

（2）通风和降温设备。利用摇膜器，掀开前后的裙膜可横向通风降温（图32）；开设天窗，把鸡棚两端的门敞开，可实施纵向通风降温；还可使用电风扇、湿帘、水冷空调和冷风机等通风降温设施来实现机械通风和降温，其中冷风机效果最为理想。还可以使用负压风机＋湿帘的组合，优点是：风量大，造价低，耗能低，能带走发酵床产生的废气、热气。

图32 鸡舍横向通风

五、疾病防控

（一）合理使用无抗生素日粮

无抗生素日粮（以下简称"无抗日粮"）配制的关键在于为畜禽提供足够的、平衡的养分，以适应提高生产力的需求，包括对饲料原料的质量严格把关，杜绝使用霉变饲料和被病原菌污染的饲料；使用新的饲料添加剂产品，提高和改善动物的免疫机能和降低饲料成本。目前，无抗饲料的添加剂如微生物制剂、抗菌肽、中草药添加剂、酶制剂和植物精油等已被广泛使用。发酵床养殖是一个技术含量较高的生物环境控制技术。制作使用发酵床的过程，就是处理好动物与垫料、微生物、环境的关系，维持微生态系统平衡的过程。在畜禽饲料中大量地添加抗生素药物，会干扰肠道正常菌群，并产生耐药性，就会进一步破坏"生物圈"。例如抗生素残留部分随粪尿排泄到发酵垫料中，杀灭、破坏或干扰有益微生物的正常繁殖，使发酵床不产热而造成发酵失败。在发酵床环境，配制无抗饲粮，使用益生素类替代抗生素类药物；即使有少量抗生素累积对垫料的影响，也可通过在垫料中添加某些有益菌来消除（图33、图34）。

图33　发酵床使用无抗日粮养鸡

图34　发酵床使用无抗日粮养猪

（二）疾病防控措施

1.发酵床养猪的疾病防控措施

发酵床养殖猪过程要注意预防呼吸道疾病和消化道疾病。当发现发酵床猪舍中的垫料减少时，应该立即补充缺少的部分。为了促使猪拱翻地面，猪的饲料喂量应在比正常喂饱量少10%左右，如果发现猪粪便呈现大量堆积的状况时，就应该用工具将其往四周平铺，便于均匀分布从而充分分解。为了减少发酵床养猪过程中的呼吸道疾病，垫料不能太过于干燥或潮湿，既要松散又不能有飞尘。要使垫料具有一定的透气性，就必须翻动垫料辅助通气。翻动的方式有人工翻动和机械翻动，一般以每周翻动两次最佳。水分、养料和通气是微生物产生热能的前提条件，垫料使用一段时间后，其纤维粉末化，需要更换新的垫料。向垫料中添加纳豆芽孢杆菌和酵母菌，使得垫料中形成以纳豆芽孢杆菌和酵母菌为主体、其他菌种协同作用的具有明显优势的有益微生物群落。由于有益微生物占主体作用，使病原菌难以大量繁殖生长；有益菌产生的抗生素会抑制病原菌扩散。为了预防发酵床养猪过程中猪的胃肠道疾病，往往会在垫料中加入一些分解酶类，因为分解酶类具有强力分解蛋白质的能力，能够促进蛋白质的消化吸收，还可以分解耐药细菌表面的耐药性蛋白质薄膜，使药物能轻而易举地进入细胞内部杀死细菌，达到与药物协同作用增加药效的目的；酵酶在分解多糖类过程中可将淀粉转化为葡萄糖，对猪的消化吸收大有裨益。由于酶有极强分解转化的能力，可以提高猪肠胃对饲料的消化吸收利用率。为防止各种肠道寄生虫病，在每年春、秋季节各应该各驱虫一次，仔猪最好在1月龄和5月龄时间段各驱虫一次。搞好猪圈和猪运动范围内的环境卫生，保持清洁干燥，经常用开水冲洗喂养猪食的食槽和水槽，定期用低浓度的热苛性钠溶液进行圈舍内部消毒。猪粪便和垫料采用堆肥发酵的方法处理，以杀灭寄生虫卵和幼虫。注意饲料的清洁，防止含有害菌种的粪便污染。

2.发酵床养鸡的疾病防控措施

在肉鸡饲养过程中，疫病防控是养鸡成败的关键。疫病的影响因素有三个方面：一是饲料质量，二是鸡舍内空气质量，三是传染因素。预防和控制疾病传染源则是重中之重。

（1）免疫接种。发酵床养鸡技术与接种疫苗之间没有矛盾，相反在发酵床上饲养的鸡群由于自身免疫力好，对接种疫苗的反应力增强，疫苗的效果会明显提高。

（2）抗菌药物的应用与药物保健。多数人认为，鸡使用抗菌药物，药物通过鸡粪进入垫料中，可能会杀灭发酵菌群，所以不能使用抗菌药。实践证明，干撒式发酵床可以正常使用抗菌药物，而且可以再饲料中添加，只要不滥用即可。发酵床对病原具有杀灭作用，在正常运行的发酵床垫料中，发酵功能菌群占绝对优势，充满垫料空间，形成特定的微生态环境，这种环境不利于病原微生物的生存。此外，病原微生物存活和繁殖的适宜温度一般为39℃，而鸡粪发酵的温度多在50℃左右，并且持续较长时间，所以病原微生物很难继续存活。

（3）妥善处置鸡病。首先大致判断鸡病是不是传染性疾病，如果是，有必要进行隔离治疗；同时，每1～2天要将鸡粪填埋一次，通过发酵作用杀灭病原微生物，垫料表面也可喷洒消毒；并对水泥地板、围栏、食槽和墙壁等设施进行定期清扫。

（4）要特别重视和避免发霉玉米的危害。发霉玉米可能引起免疫抑制和慢性中毒等。

六、发酵床养殖投资估算

（一）发酵床养猪投资估算

以500头基础母猪、万头猪场为模型，进行发酵床制作的规划和成本核算（本案例仅供参考）。根据我国目前实际情况和现有生产水平，对年产万头肉猪生产线实行工厂化生产管理方式，采用先进饲养工艺和技术，其设计的生产性能参数选择为：平均每头母猪年生产2.2窝，提供20头肉猪，母猪利用期为3年。肉猪平均日增重700克以上，达90～100千克体重的日龄为160天左右（23周）。肉猪屠宰率75%，胴体瘦肉率65%。

1.传统养殖猪舍配置

（1）配种妊娠舍。空怀及后备母猪在配种舍大栏内饲养，妊娠母猪在妊娠舍定位栏内饲养。

配种舍1栋(建筑面积约50米×8米=400米²)，设大栏20个；妊娠舍2栋(每栋建筑面积约70米×7米=490米²)；母猪定位栏舍2栋，设定位栏400个(建筑面积约2.5米²×400=1 000米²)。此项合计建筑面积为 2 380 米^2。

（2）产仔舍。产仔舍共设 2 栋(每栋建筑面积约 60 米×8 米=480 米^2)，分为 6 个单元，每个单元内设 22 个产床，共为 132 个产仔床。此项合计建筑面积为 960 米^2。

产仔舍是全厂投资最高、设备最佳、保温和通风换气最好的猪舍，舍内应设有保温性能良好并能排湿的顶棚，应有排风装置。

（3）断奶仔猪舍。仔猪培育舍共建 1 栋(建筑面积约 90 米×8 米=720 米^2)，分 5 个单元，每个单元 12 个高床栏。培育舍应吊顶棚，要达到保温、通风、排湿的目的。

（4）中大猪舍。保育猪 7 周龄时进入中大猪舍饲养，一般情况下再养 16 周，即达 23 周龄时、体重 90 千克以上时上市。中大猪舍 8 栋(每栋建筑面积约 60 米×9 米=540 米^2)，每栋 22 栏，每栋能容纳 400 头育肥猪。此项合计建筑面积为 4 320 米^2。

（5）污水处理。①如果采用化粪池分级处理系统，参考广东规模猪场的数据，则需要集中堆粪区、污水与化粪池共 3 000 米^2，菜果地 20 亩*。②如果采用配套沼气工程，根据北京市万头猪场完善配套的沼气商业生产项目，要求配套建设面积 12 亩，菜果地 20 亩，投资 1 300 万元；在广西、广东，最简单的万头猪场沼气配套设施需要土地 6 亩以上，配套的菜果地 20 亩以上，投资在 200 万～400 万元。

（6）养猪场投资预算。①养猪场地面积 8 380 米^2

---

* 亩为非法定计量单位，15 亩＝1 公顷。

（实际建筑面积），基建投资220万元，设备投资150万元，种猪投资160万元，第一年生产流动资金220万元，总计投资750万元。②污水处理投资。简单粪污处理系统与配套菜果地需要土地面积30亩左右，投资在200万～400万元；运用沼气处理技术与配套的菜果地需要土地面积30亩左右，投资在400万～1300万元。

2.发酵床养殖猪舍配置

（1）配种妊娠舍。空怀及后备母猪在配种舍大栏内饲养，妊娠母猪在妊娠舍定位栏内饲养，此项与传统水泥地面养殖所需面积相差不大，只是定位栏要稍微增加一点面积。建造成本由于母猪栏舍下方设计了三条降温流水铁管和顶部的喷淋补水装置，成本增加20%。

配种舍1栋(建筑面积约50米×8米=400米²)，设大栏20个；妊娠舍2栋(每栋建筑面积约70米×7米=490米²)；母猪定位栏2栋，设定位栏400个（建筑面积约3米²×400=1200米²)。此项合计建筑面积为2580米²。

（2）产仔舍。产仔舍共设2栋(每栋建筑面积约60米×10米=600米²)，分为6个单元，每个单元内设22个产床，共为132个产仔床。此项合计建筑面积为1200米²。

产仔舍与传统水泥地面所需面积比较，适当增加了使用发酵床在后部的人工翻耙垫料的区域面积。

（3）断奶仔猪舍。仔猪培育舍共建1栋(建筑面积约90米×10米=900米²)，分5个单元，每个单元12个高床栏。这个建筑面积与传统养猪基本相当，冬季优势十分显著。

（4）中大猪舍。建筑增加2栋，食槽方向的1/3面积增加3～4条夏天流水降温铁管，全部成本高出传统养殖30%。

中大猪舍10栋(每栋建筑面积约60米×9米=540米²)，每栋22栏，每栋能容纳350头育肥猪。此项合计建筑面积为5 400米²。

（5）污水等处理。无需投入，各种化粪池、排污系统、沼气系统、配套菜果地都不需要。

3.垫料估算

根据前面对发酵床养猪法面积的估算，该万头猪场发酵床的需要的垫料原料有：锯末5 900米³；麸皮5 900米³；玉米淀粉58.5吨；菌种1 175千克（假设每立方米需要0.1千克菌粉）。具体估算参数见表3。

表3　猪场发酵床需要的垫料估算

	产仔舍	断奶猪舍	中大猪舍	配种妊娠舍	小计
猪舍面积（米²）	1 200	900	5 400	2 580	—
垫料厚度（米）	0.8	0.5	1.0	1.5	—
估算体积（米³）	960	450	5 400	3 870	10 680
实际体积（米³）	1 056	495	5 940	4 257	11 748
锯末（米³）	550	250	3 000	2 100	5 900
麸皮（米³）	550	250	3 000	2 100	5 900
玉米淀粉（吨）	5	2.5	30	21	58.5
菌种（千克）	100	50	600	425	1 175

4.菌种配制时的用料估算

目前市场上可以直接购买到混合EM菌原液。这是许多不同细菌的混合体，包括光合菌群、乳酸菌群、酵母菌群、放线菌群、醋酸杆菌等五大类微生物。作为一个功能群体，EM菌原液采用适当的比例和独特的发酵工艺把经过仔细筛选出来的好氧和厌氧有益微生物混合培养，形成多种多样的微生物群落，它们在生长时需要依靠彼此的代谢产物和生长因子，形成一种共生增殖关系，组成了复杂而稳定的微生态系统，适用于发酵床对于动物代谢产物的分解。EM菌其价格低廉，相比于其他成本可以忽略。

（1）EM菌液配方。EM菌种5千克、水50千克、红糖2.5千克、尿素0.3千克、磷酸二氢钾100克、维生素C 25克（本例仅以制作50升菌液为例，在实际情况中每立方米发酵床需添加1升发酵菌液，请根据实际需要菌液情况和发酵设备条件合选择发酵体系）。

（2）材料选择。①EM菌种：购买成品EM菌种。②红糖：食用红糖。③磷酸二氢钾：化学纯。④维生素C：食品添加剂。⑤尿素：化学纯。⑥水：纯净的饮用水。

（3）EM菌液的培养。在塑料桶中加水，加入EM菌、红糖、尿素和磷酸二氢钾，摇匀，密封，光照培育(保持温度25 ~ 35℃)，每天摇动1 ~ 2次，透气20分钟。第三天加入维生素C，摇匀。第四天停止光照，检测pH，达3.8以下完成培育，未达到则继续培育，合格后密封保存或使用。培育中产生悬浮物是正常现象，一般温度高容易产生。如果温度偏低，培育的EM气体将减少。培育中有异味是很正常的，如pH检测合格可透气2天，如果异味还很严重，有可能是培育失败了。培育好后拿一个矿泉水瓶盛入EM，拧紧瓶盖摇晃几下，合格的EM有大量气体产生；培育好的EM颜色为棕黄色(因品质不同，有时颜色加深)。

由上述配制过程可知，菌种配制成本较低。

5.总成本估算

根据前面的分析，发酵床养猪的投资估算（表4）如下。

（1）养猪场地投资。实际建筑面积10 080米^2，基建投资240万元（与传统猪舍相比，减少了四周墙、窗、地面水泥等的投入），设备投资160万元，种猪投资160万元，第一年生产流动资金180万元（减少了药费、用水、用电、用料、人工开支），总计投资740万元。

（2）污水处理投资。零投入。仅此一项，发酵床养殖至少比传统养殖减少10 ~ 30亩的土地使用面积和200万 ~ 1 300万元的投资。

（3）其他投资。如垫料、菌种制作等，由于价格较低廉，相比于前两项投资，可以忽略。

表4　发酵床养猪投资估算

			总占地面积	成本（元）
传统养猪	沼气＋菜果地	6＋20亩	26亩 ＋ 8 380米²	200万～400万 ＋370万
	产仔舍	960米²		
	断奶猪舍	720米²		
	中大猪舍	4 320米²		
	配种妊娠舍	2 380米²		
发酵床养猪	产仔舍	1 200米²	10 080米²	400万
	断奶猪舍	900米²		
	中大猪舍	5 400米²		
	配种妊娠舍	2 580米²		

　　由此可见，发酵床养猪比传统养殖投资少，是一个经济有效的养殖方法。

（二）发酵床养鸡投资估算

1.垫料估算

　　垫料成本估算取决于所选择的原料。

　　发酵床养鸡所用垫料的选择原则有五项：①垫料要有一定惰性，不易被分解，最好以木质素为主。各种原料的惰性和硬度大小排序为：锯木屑＞统糠粉（稻谷秕谷粉碎后的物质）＞棉籽壳粗粉＞

棉秆粗粉＞其他秸秆粗粉。②垫料要粗细搭配，不能全部用细锯末，也不能全部用谷壳，既要保证透气性，又要保证吸水性。③垫料要有一定的吸水性能，如1千克混合垫料至少吸附1千克水而不往外淌水，这就要求细料要占有一定比例。④垫料要有一定的硬度或刚性，不至于轻易板结，如稻草就不行。⑤易霉变的垫料不能使用，例如花生壳、玉米芯等。

注意惰性主原料要粗细结合，如统糠粉，以5毫米筛片来粉碎为度，木屑也要用粗木屑，以3毫米筛子的"筛上物"为度。或者用粗粉碎的原料。对于锯木屑，只要是无毒树木的硬度大的锯木屑都可以使用，松树及有特殊气味的樟树等的锯木屑都可以使用。

发酵床养鸡所用垫料的配方（表5）与发酵床养猪的垫料配方相似，但少用或不用玉米粉等能量物质（日平均气温温度低于15℃时可以添加适量于其中，温度越低则添加量可以适当增加一点），因为鸡粪中营养物质非常丰富。由于垫料的密度和含水量的不同，因此垫料的重量仅供参考，只要垫料厚度达到要求的厚度即可。表5的垫料主要原料都是惰性比较大的原料，可以根据实地资源情况，适当地掺入秸秆资源，但必须粉碎或切短处理（3厘米左右长短），同时，必须混合到惰性原料当中去，不能集中铺放秸秆料，不然会造成板结，影响发酵床功能。

表5 发酵床养鸡垫料配方

配方编号	配方成分（以30米²栏为例，单位为千克）
配方1	锯末1 200+水850+玉米5
配方2	锯末1 200+水1 000+玉米5
配方3	锯末650+统糠500+水1 000+玉米5
配方4	锯末500+统糠900+水1 050+玉米5
配方5	锯末500+统糠900+水1 100+玉米5
配方6	棉籽壳粗粉450+木屑450+棉秆粗粉300+水900+玉米5
配方7	稻谷壳（未粉碎）250+木屑900+水900+玉米5

　　以上配方中，虽然使用到了不同的原料配比，但在实际操作中，不一定非要把各种原料混合均匀再铺到栏中，而是可以分开铺放的，例如，最底层可以用未粉碎的稻谷壳、未粉碎的棉籽壳、粗棉秆等比较不容易分解的东西，或者说底层可以用一些比较粗大粉碎的东西，但是上层至少20厘米，一定要用经过粉碎过后的锯末（混合或单一原料都可以），否则鸡会感觉到刺皮肤和不舒服。

　　垫料厚度说明：在高温的南方，垫料总高度达到30厘米即可；中部地区要达到35厘米，北方寒冷地区要求至少在40厘米。由于垫料在开始使用后都会被压实，厚度会降低，因此施工时的厚度要提高20%，例如南方计划垫料总高度为30厘米，在铺设垫料时的厚度应该是36厘米。

2.菌种配制时的用料估算

（1）菌种的选择。菌种选择时应注意以下问题。①选择发酵床复合菌，以乳酸菌、反硝化细菌为主，辅助以解磷解钾菌、枯草芽孢杆菌、地衣芽孢杆菌、产朊假丝酵母、酶制剂。分析保证值：粪肠球菌40亿个/克，酵母40亿个/克，反硝化细菌25亿个/克，枯草芽孢杆菌25亿个/克，地衣芽孢杆菌20亿个/克，侧孢芽孢杆菌20亿个/克，一共170亿个/克；同时含有大量的分解酶活力。②菌种对pH范围适应性广，耐高盐高渗，无动物粪尿时处于休眠状态，有粪尿进入时马上激活。③繁殖速度快，与大肠杆菌有极强竞争势态，脱氮脱氨能力强，最大限度减少垫料中氮积累，并同化吸收氨氮，减少氨味臭气等。

（2）扩大培养。发酵床复合菌可以适当扩大培养，以降低使用成本，或至少有可能大幅度提高使用量，来达到更好的使用效果和分解粪便的效果。培养操作方法：发酵床复合菌1包+玉米粉25千克+葡萄糖或红糖10千克+清水200千克，搅拌均匀，密封于发酵容器中（缸或塑料桶等），每天搅拌一次，夏天发酵3天，冬天发酵7天，即可使用，或密封保存，可保存半年。培养完毕后，活菌总数可达到5亿~10亿个/毫升，以上所有菌株的复合菌液在发酵床中的使用方法：发酵床初次建设时，每平方米使用培养液2升；平时维护补充菌种用量为每平方米泼洒发酵液200毫升。

由上述配制菌种的过程可知，其成本较低，相比于其他成本可以忽略。

3.发酵床制作过程及成本估算

以制作30米²养鸡发酵床的过程为例。

（1）准备好原料。发酵床菌液60千克，70%～80%的惰性物质（锯木、稻壳、花生壳、粉碎秸秆、玉米芯等之类的不容易腐烂的物质），20%～30%的营养物质（麦麸、稻糠、玉米粉之类的有营养的物质），水若干（40%～50%的湿度就行），10%的深层土。

（2）把发酵床菌液一半均匀混合到准备的水中，另30千克菌液和20%～30%的营养物质（一般情况下用麦麸或玉米粉60千克左右）混合到一起，湿度拌到60%左右。

（3）把惰性物质（锯木之类）和营养物质（麦麸之类）混合到一起，一边混合一边用稀释过的发酵床菌液喷洒。拌匀的垫料的湿度一般为45%左右（用手握下垫料，手缝有水滴，但不会滴下来）。

（4）把步骤（3）中的垫料堆放到一起，再用塑料薄膜或稻草封闭起来。气温在20℃以上时，发酵3～5天即可；若气温低于20℃，则要发酵5～7天。一般堆温保持在30～50℃范围内2天就表明发酵成功。

（5）把发酵好的与垫料与10%的黄土混合均匀，铺入圈。垫料厚度说明：在高温的南方，垫料总高度达到20厘米即可；中部地区要达到30厘米，北方寒冷地区要求在35厘米。由于垫料在开始使用后都会被压实，厚度会降低，因此施工时的厚度要提高20%，例如南方计划垫料总高度为25厘米，在铺设垫料时的厚度应该是30厘米。

（6）检验发酵床的制作成功的标准。垫料的组成要合理，如锯末（惰性物质，比如花生壳、稻糠之类）占70%左右，无污染的土占10%左右，麦麸或稻糠等占20%左右。水分控制要适度，一般为40%～50%。制作好的垫料第2天的温度应升到40～50℃，第3～4天应升到60～70℃，第5～7天恢复到40～50℃达到发酵腐熟的效果。

发酵床制作过程中，除了垫料和菌种，只需少量人工和机具成本。

4.总成本与效益估算

以200米^{2}面积发酵床为例，发酵床的建造成本约1万元，可以使用6年左右，饲养4个月出栏的土鸡全部终生饲养在发酵床上，每批可以饲养1 000～1 300只鸡，鸡苗和饲料成本需要18元/只左右，小本初次创业仅需投资20 000～25 000元即可。如果计划年饲养3批，由于发酵床养鸡效益要好于规模化饲养，每只利润一般有5元左右，最低年利润可达15 000～20 000元，如果结合廉价的发酵饲料、优质牧草、农家饲料，则利润更可观。

如果饲养阉鸡，200米^{2}面积可以养殖1 000只左右，年出栏2批，每只综合成本约27元，每只利润10元左右，如果结合低成本养殖，效益更加可观。

如果饲养快大鸡，鸡肉质量改善，且死亡率、发病率都有所降低，效益会更好。与传统饲养方法相比，节省水电费0.5元/只，节省医药费0.2元/只，降低死淘率1%，平均每只减少损失0.1元，合计节省费用为0.8元/只。

七、发酵床养殖常见问题分析

（一）发酵床养猪常见问题

1.哪些类型的猪场适合推广发酵床养猪技术？

发酵床养猪技术不受养殖规模限制，家庭养殖、小型养殖场、规模化养殖场均可采用。

2.采用发酵床养猪技术是否还需要正常免疫？抗生素等药品能否减少？

正常的免疫程序不可减少，特别是规模化养猪场尤为重要，但抗生素等药品的用量可逐步减少，减少量一般可达到50%以上。

3.猪栏中为什么要留硬地平台？

硬地平台主要作为猪只采食和活动场所，盛夏季节还能供猪只栖息，也可作为饮水和食料平台，防止水分过多流入发酵床。

4.饮水装置如何安装设置?

饮水装置的安装设置,必须满足饮水外溅时不浸湿发酵床垫料,通常保育猪栏设置饮水台,饮水台下设导水管,能将滴水及时排出;育成猪水嘴可设置在栏舍外侧,滴水直接排入外面排水沟。

5.垫料发酵过程中通常会遇到哪些问题?

垫料发酵过程中通常会遇到以下问题:①不升温。原因:水分过高或过低;pH过高或过低。处理方法:适当调节水分和酸碱度,添加垫料原料或加水。②升温后温度随即快速下降。原因:C/N值过高,原料中有机氮含量太低。处理方法:应适当添加含氮量丰富的有机物料,如猪粪。③发酵过程中异味、臭味浓。原因:C/N值过低,或原料粒度过大,水分调节不匀。处理方法:通过补充碳素原料调整C/N值,或者降低物料细度,调匀水分。④发酵后期氨味渐浓。原因:物料水分偏大,pH偏高,发酵时间偏长。处理方法:立即将发酵物料散开,让水分快速挥发。

6.发酵床温度过高或过低是由哪些因素引起的?

影响因素主要是水分和通透性,有时表现为单因素影响,有时表现为双因素同时产生影响。①如果水分偏高和(或)垫料过于疏松时,发酵强度会加大,温度就会过高,常用的处理方法就是将垫料稍微压实，或者补充部分干料后将垫料稍微压实。②水分偏低和垫料透气性稍差时，发酵产生的温度向空气扩散慢，往往会形成局部高温，通常可以通过采取适当补充水分、增强垫料通透性的措施来解决。③水分过高或过低时，也会导致发酵床温度过低，解决的办法就是调节好水分。④垫料通透性过低，发酵床温度也低，这时就要通过疏松垫料，来增加垫料发酵强度，从而提高发酵床温度。

7.冬季排湿用的排风扇如何选用和安装？

冬季由于室外温差的原因，会导致猪舍湿度加大，甚至会大量凝结成水珠，对猪只的生长发育造成影响。通常可以通过安装和开启排风扇来降低圈舍湿度。风扇类型选用民用排风扇即可，采用负压抽风方式将湿气排出。排风扇应安装在猪舍较高位置，以减少抽风时舍栏下部的空气流动，并尽可能安装联动定时开关，以便于将排风扇开启时间设置到每2～3小时开启一次，每次5～10分钟。

8.发酵床需要定期药物消毒吗？

不用，如果定期药物消毒，反而会将发酵床中的有益微生物杀灭，作用会适得其反。

9.每批次转栏或出栏后垫料如何处理？

只要垫料没到使用期限，猪只每批次转栏或出栏后，应适当补充部分新鲜木屑或秸秆粉及适量发酵菌剂，调节水分至45%左右，将垫料在圈栏中堆积起来进行发酵处理，温度上升到50℃以上高温24小时后，即可作为发酵床垫料重新使用。

10.如何判断垫料使用到期？

当垫料在发酵床中使用达到一定期限后，其发酵能力会逐渐下降，当表现出以下现象时，说明垫料已不能继续使用，需将垫料全部清出，重新更换新垫料：①在各项养护措施得当、到位的情况下，氨味、臭味渐浓；②垫料用手指轻轻揉搓便全部变成粉末；③垫料遇水成泥浆状，干垫料部分已全部成灰泥土色。

如果垫料使用到期，但还没到转栏或出栏时间，可以临时采取以下措施，待转栏或出栏后，再清栏更换垫料：①适当补充没经过发酵的新鲜木屑；②如果通过补充新鲜木屑还没有明显作用，可清出部分垫料后再加新鲜木屑。

（二）发酵床养鸡常见问题

1.养鸡发酵床为什么需要足够的厚度？

发酵床养鸡的厚度需要铺设40厘米，垫料以40厘米为标准进行添加补充。发酵床的表层10厘米和底层5厘米皆为保护层，中间25厘米为发酵层，也就是说所有的粪便需要在中间层发酵分解，所以发酵床良好运行必须要有足够的厚度做保证。针对我国南北气候差异所做的调查研究中指出，由于我国南方与北方的气候差异较大，尤其是夏季南方地区温度非常高，很有可能会发生鸡的热应激，不利于鸡的生长。有研究指出，夏季南方采用发酵床养鸡的优势不明显，养殖效果不及普通薄垫料法。

2.发酵床垫料pH会发生怎样的变化？

由于发酵床在使用过程中有些成分会发生变化，所以会导致其pH有所变化，这将影响发酵床里的某些微生物的发酵，发酵床功能菌群的发酵一般需要弱碱性环境，pH为7.5左右最为适宜，应不定时测定发酵床pH并做出相应的调整，包括更新垫料和补充菌液等。

3.发酵床养鸡的密度是多少？

1～7日龄，密度30只/米^2；8～14日龄，密度25只/米^2；15～21日龄，密度15只/米^2；22～28日龄，密度12只/米^2；29～35日龄，密度10只/米^2；36日龄至出栏日龄，密度8只/米^2。

4.发酵床养鸡多久翻倒一次？

发酵床的翻倒频率根据鸡的粪便量以及床的干湿程度来决定，如果粪便多、湿度大，就需要增加翻倒频次。原则上是一个饲养周期翻倒5～6次。

5.怎样防止发酵床扬尘？

垫料初次铺好或者天气干燥时，部分鸡舍会出现扬尘。扬尘出现后应高空洒水降尘，一次洒水不宜过多，应分多次来做，以后续跑动不起扬尘为宜。

6.使用抗生素药物对菌群有影响吗？

没有影响或影响很小。复合菌群活性强，抗生素药物对其影响很小，即使对部分菌种有一定的影响，其他菌群也会很好地繁殖工作，并且会迅速地恢复功能。

7.雏鸡可直接放到发酵床上饲养吗？

可以。但一般不建议雏鸡直接放到发酵床上饲养，应在育雏舍呆7～10日龄再放到发酵床上来。雏鸡需要保温，直接放到发酵床上不利于管理。实践中，可在发酵床上开育雏区（育雏区的发酵床表层垫塑料膜，不让雏鸡直接和垫料接触，7～10日龄后再撤去塑料膜）集中管理。

8.发酵床上的鸡出现啄羽、叨鸡正常吗？

不管是发酵床养殖还是网床养殖，都会出现叨鸡、啄羽、秃尾的现象。出现这种现象一般原因：日粮中营养不平衡，鸡群缺乏某种元素；光线太强；相关疾病。解决办法：①找出所缺乏的元素并补充。②饮水中加入维生素C。③降低灯光强度。④加强管理。

9.鸡出栏后发酵床怎样消毒？

以两批间隔7～15天为例。鸡群出栏后，发酵床可立即大翻一次，让原有表层粪便分解发酵。进鸡前5天整圈消毒，不动床面，然后进鸡前1天翻倒床面即可。

10.发酵床养肉鸡的生长速度怎么样？

发酵床养肉鸡的生长速度和传统的养殖速度没有明显差异，但发酵床养殖可以减短肉鸡养殖的空栏期，从而提高了圈舍的利用率，每年增加1～2回饲养批次。

11.使用发酵床养殖肉鸡，肉质如何？

发酵床养殖肉鸡几乎不用药，可以很大程度上减少药物残留，养出的肉鸡和散养鸡肉类似，质美味香，口感极佳。

12.传统笼养蛋鸡结构可以采用发酵床养殖吗？

不可以。①饲养密度过大，发酵床分解负荷重。②发酵床无法翻倒，效果差。如果蛋鸡要采用发酵床养殖必须保证蛋鸡散养、平养，有足够的空间。

13.蛋鸡发酵床与肉鸡发酵床有什么区别？

基本一致。蛋鸡做发酵床需要做蛋窝或蛋箱。

14.蛋鸡使用发酵床与笼养相比，生产性能有何变化？

①使用发酵床能够提前产蛋，产蛋期加长，但产

蛋率会略有下降。②鸡蛋品质会大大提高，鸡肉品质也会提高。

15.蛋鸡使用发酵床易出现出现破蛋、啄蛋，怎么办?

①设置蛋窝，减少鸡群啄蛋。②合理及时地捡蛋，防止蛋被鸡啄食或者被掩埋在垫料当中。

16.发酵床养鸡在大肠杆菌防治方面需注意什么?

活力发酵床垫料中的大肠杆菌比一般养殖场要少很多，但如果不注意控制，也会造成大肠杆菌超标，甚至很严重。总结造成大肠杆菌严重的原因主要有以下几点：①制作垫料时采用池塘或含大肠杆菌严重的水源。②有污水流入垫料中。③垫料长时间过于湿润。④将已患大肠杆菌疾病的鸡放入发酵床栏舍中，造成传染。

如果发现鸡患有大肠杆菌疾病可以采取以下治疗措施：①给药：直接给鸡喂给药物，如白龙散，如果严重可以结合注射黄芪多糖注射液。②对垫料直接进行带鸡消毒，例如可以采用20克二氯异氰脲酸钠兑水100千克对垫料表面进行均匀泼洒，虽然会杀死大肠杆菌的同时也会杀死上层的有益菌，但消毒剂药效消失后（约需2天），低层的微生物会再次繁衍上来，结合表面喷洒发酵菌液，垫料就会快速恢复。③使用臭氧发生器：对栏舍全部进行臭氧消毒，或局部分区进行，最有效的方法就是在给鸡用药的同时，分区域在垫料表面覆盖薄膜，将臭氧输出到薄膜下面30分钟以上，即可快速杀灭大肠杆菌和其他有害菌，而对发酵床中的益生菌基本不会伤害。

17.发酵床养鸡在球虫病防治方面需注意什么？

发酵床中球虫很少，因为垫料发酵层一直处于厌氧的发酵状态，是球虫非常不喜欢的，但由于管理不善还是会偶尔发生，主要原因是污水进入、湿度过大等原因引起的。遇到出现球虫，可以采取以下措施：①给药。治疗球虫的药很多，根据包装说明直接给药；还可以采取在饲料中直接添加30%以上的保健液来喂鸡，当天鸡可能会因为喂保健液过多而有应激性的腹泻，但球虫病会当天治愈，以后再减少保健液的用量或不用即可。②清空局部发酵床。用玉米粉5千克＋保健液5千克＋清水100千克混合后泼洒在20米^{2}垫料面积，马上用薄膜严实覆盖，造成绝对的厌氧发酵区，2～3天即可杀死全部球虫。如此分片全部实施一次即可。